KB117459

제로웨이스트 살림법

* 본문 중 일부는 제로웨이스트에 자주 쓰이는 용어와
저자의 표현에 따라 맞춤법 원칙과 다르게 표기했습니다.

탐탐
06

교양관

제로웨이스트 살림법

넘치는 세상에서 버리지 않고
가볍게 사는 기술 27

살림스케치
(김향숙)
지음

ZERO
WASTE

21세기북스

어제보다 더 나은 오늘의 살림

"지구는 오렌지처럼 계속 쥐어짤 수 없다."

TED 강연에서 프란치스코 교황이 한 말입니다. 이 말을 들으니 지구와 인간의 관계가 엄마와 자식의 관계처럼 느껴집니다. 인간은 엄마한테 투정 부리고 함부로 대하는 철부지 자식 같아요. 엄마에게 쥐어짜듯 끊임없이 요구하고, 엄마니까 자식한테 다 해줘야 한다는 마음으로 행동합니다.

그럴수록 지구와 엄마는 점점 쇠약해지고 병들어 갑니다. 푸른 지구가 황량해지고, 생기 있는 엄마 얼굴이 검게 변했을 때 인간과 철부지 자식은 자신의 잘못을 뉘우칩니다. 하지만 그때는 이미 늦었습니다. 우리 몸의 건강 신호와 같습니다. 몸속 암 덩어리가 걷잡을 수 없이 퍼졌을 때 고통을 느끼듯 지구의 시그널을 무시하면 큰 위기 속 고통을 피할 수 없습니다.

30년 사이 삶의 질은 높아지고 환경의 질은 나빠졌는데, 앞으로 30년 후에는 환경이 어떻게 변해 있을지 걱정입니다. 지구가 인간에게 보내는 시그널이 심각하다는 것을 알지만 대책은 미미합니다. 과감한 실천이 필요한 때가 바로 지금이 아닐까요? 정부, 기업,

학교 각자의 위치에서 기후 위기에 대처해야 할 몫이 있듯 각 가정에서 실천할 수 있는 개인의 몫이 있습니다. 그건 바로 쓰레기와 소비를 줄이는 '제로웨이스트 살림법'입니다.

저 역시 제로웨이스트 살림법으로 버릴 뻔한 많은 물건을 살렸습니다. 버렸으면 쓰레기가 됐을 물건의 쓰임을 변경해서 잘 활용하니 세상에 둘도 없는 나만의 세간 살림이 됐습니다. 오래된 물건을 버리는 건 깃든 추억도 함께 버리는 일이라 최대한 새 쓰임을 찾으려 합니다.

빠르게 변화하는 요즘 시대엔 좋은 물건이 참 많은데, 오래된 물건에 집착하는 모습이 타인의 관점에서 궁상스럽게 보일 수 있습니다. 하지만 풍족하다 못해 넘쳐나는 물건들 때문에 삶의 가치를 잃고 싶지 않았습니다. 버리지 않고, 사지 않고, 새롭게 쓰는 살림을 통해 느끼는 행복에서 진정한 삶의 가치를 발견할 수 있으니까요. 이런 가치를 통해 스스로가 기특해지는 감정을 느끼는 것은 또 하나의 덤이지요.

어제보다 더 나은 오늘의 살림은 쓰레기와 소비를 줄이는 제로웨이스트 살림법을 말합니다. 살림하며 발생하는 쓰레기를 최소화하면 소비를 줄일 수 있고, 소비를 줄이는 알뜰한 살림에서 쓰레기를 줄일 수 있습니다.

이 책은 제로웨이스트 살림법에 관한 지극히 개인적인 경험과, 사람과 자연이 건강하게 공생할 수 있는 방법에 대한 고민이 담겨있습니다. 그리고 유튜브 채널 17만 명의 친구들이 보내준 소중한 살림 팁도 함께 담았습니다. 어제보다 더 나은 오늘의 제로웨이스트 살림을 꾸리는 데 작은 도움이 되면 좋겠습니다.

살림스케치

Contents

Contents

Outside

평범하고 특별한 살림의 기록

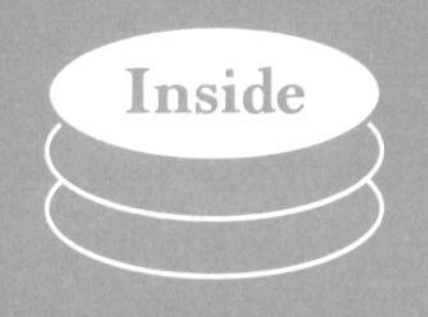

모두의 지구를 살리는 작은 습관

Check List

나의 제로웨이스트 지수

수많은 미디어와 매체를 통해 이제 많은 사람에게 친숙한 단어 제로웨이스트. 우리가 건강하게 살아갈 지구를 위해 꼭 필요하다는 건 알겠는데, 어떻게 제로웨이스트를 실천하는 건지 모르겠다고요? 먼저 내가 제로웨이스트에 대해 얼마나 알고 있는지, 일상에서 얼마나 제로웨이스트를 실천하고 있는지 다음 빙고로 확인해 보세요!

주로 재래시장에서 장을 본다.	시장 갈 때 늘 장바구니를 챙겨 간다.	빈 용기를 가져가서 식품을 담아 온 적 있다.	일회용 비닐장갑을 최대한 적게 사용한다.	우리 집에는 물티슈가 없다.
설거지할 때 친환경 수세미를 사용한다.	투명 페트병을 씻고-자르고-누르고-닫아서 별도 분리배출 하고 있다.	배달 주문 시 일회용 수저를 거절한다.	식품을 보관할 때 비닐봉지 대신 용기를 사용한다.	음식이 바닥에 떨어지면 물티슈 대신 걸레로 닦는다.
음식물 쓰레기를 줄이기 위해 김치 꼬투리를 버리지 않고 먹는다.	업소용 PVC 랩이 사람과 자연에 얼마나 해로운지 잘 알고 있다.	식품을 포장한 업소용 PVC 랩이 깨끗하면 바로버리지 않는다.	유통기한과 유효기한의 차이를 잘 알고 있다.	유통기한이 지나도 식품의 상태를 확인하고 버릴지 결정한다.
올바른 재활용 분리배출을 실천하고 있다.	대형 마트나 창고형 마트에 다녀오면 플라스틱 배출이 증가한 것을 느낀다.	냉장고에 든 음식이 상해서 버리는 일은 거의 없다.	빈 식용유 통은 스티커를 떼어 내고 꼭 세척해서 배출한다.	주방 행주는 일회용 행주 대신 다회용 면 행주를 사용한다.
제로웨이스트 숍을 방문해 본 적이 있다.	제로웨이스트 숍에서 친환경 제품을 구매해서 사용하고 있다.	환경 다큐멘터리 시청 후, 쓰레기를 줄이기 위해 노력한 적이 있다.	미세플라스틱이 환경에 미치는 악영향을 잘 알고 있다.	세탁할 때 미세플라스틱이 많이 방출된다는 것을 잘 안다.

빙고 결과 확인

0줄

제로웨이스트에 대해 거의 모르는 **문외한**일 확률이 높습니다. 이번 기회에 제로웨이스트에 관심을 가져 보면 좋겠습니다. 이 책을 통해 하나씩 실천하다 보면 제로웨이스트가 절대 어렵지 않다는 것을 느낄 거예요.

1줄

이제 막 제로웨이스트를 알아가는 **초심자**일 확률이 높습니다. 쓰레기를 줄이는 다양한 경험으로 한 단계씩 제로웨이스트 지수를 높이는 즐거움을 느껴 보세요.

2~3줄

생활 속에서 제로웨이스트를 조금씩 실천하는 **경험자**일 확률이 높습니다. 기후 위기와 환경 문제의 심각성을 알고 있으며 쓰레기를 줄이기 위해 노력하고 있습니다.

4~5줄

제로웨이스트에 대해 아주 잘 알며, 지속적으로 관심을 갖고 여러 쓰레기 줄이기 방법을 실천하고 있는 **실천가**입니다. 자기 주관이 뚜렷해 실천 의지가 무너지지 않을 단계에 이르렀습니다.

6줄 이상

환경을 생각하는 제로웨이스트 **고수**일 확률이 높습니다. 주변에서 꼼꼼하다는 말을 자주 듣고, 완벽한 살림꾼으로 인정받는 분입니다. 가끔 환경 운동가냐는 말을 듣기도 합니다.

Infographic

지금 우리 살림은···

우리나라에서는 특별히 의식하지 않아도 많은 사람이 분리수거와 재활용 등 기본적인 제로웨이스트 활동을 실천하고 있는 경우가 많습니다. '살림스케치' 구독자들은 제로웨이스트에 대해서 어떻게 인식하는지 알아봅시다.

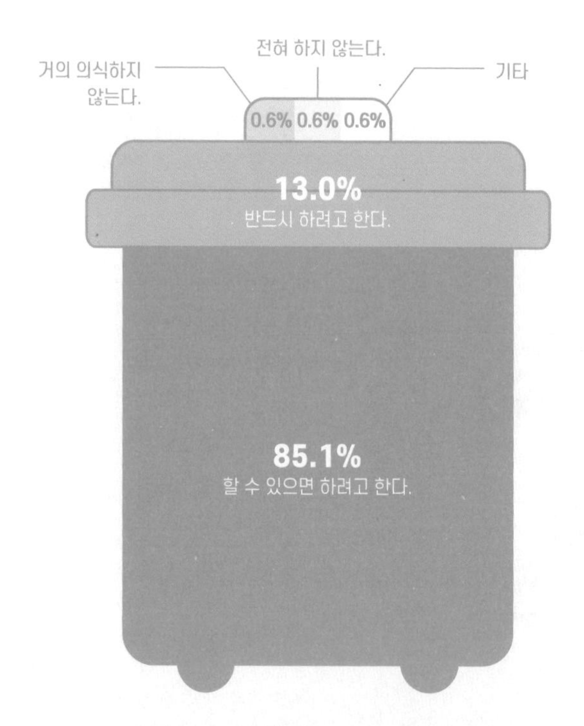

생활 속 제로웨이스트 실행 정도

살림스케치 구독자들은 평소 생활하면서 제로웨이스트를 할 수 있으면 하려고 하는 사람이 85.1%로 가장 많았습니다. 반드시 하려고 하는 사람이 13%로 그 뒤를 이었고, 거의 의식하지 않는 사람과 전혀 하지 않는 사람은 각 0.6%로 거의 없었습니다. 많은 사람이 생활 속에서 제로웨이스트를 의식하고 있음을 알 수 있습니다.

제로웨이스트에 동참하는 이유

- 30.4% 당연히 해야 하는 일이라서
- 25.8% 양심의 가책을 느껴서
- 18.1% 뿌듯함을 느껴서
- 13.4% 오히려 깔끔하고 편해서
- 8.4% 습관적으로
- 3.3% 기타
- 0.7% 타인의 시선 때문에

당연히 해야 하는 일이라서 제로웨이스트에 동참하는 사람이 30.4%, 양심의 가책을 느끼기 때문에 하는 사람이 25.8%였습니다. 또한 18.1%의 사람이 스스로 뿌듯함을 느껴서 제로웨이스트를 실천했고, 13.4%의 사람이 제로웨이스트를 실천하는 게 오히려 깔끔하고 편하다고 답했습니다. 타인의 시선 때문에 제로웨이스트를 실천하는 사람이 0.7%밖에 안 되는 것을 보면, 제로웨이스트에 동참하는 사람은 타의보다는 스스로의 의지로 실천하고 있음을 알 수 있습니다.

제로웨이스트에 동참하지 않는 이유

- 43.4% 잘 몰라서
- 40.3% 너무 힘들어서
- 10.9% 기타
- 5.4% 필요성을 느끼지 못해서
- 0% 올바른 방향이 아니라고 생각해서

반대로 제로웨이스트에 참여하지 않는 사람은 잘 몰라서가 43.4%, 너무 힘들어서가 40.3%로 대부분을 차지했습니다. 또한 필요성을 느끼지 못하는 사람은 5.4%, 올바른 방향이 아니라고 생각하는 사람은 아예 없었습니다. 반대로 생각하면, 쉽고 간단한 제로웨이스트 방법을 알기만 한다면 제로웨이스트 실천률이 훨씬 높아지지 않을까요?

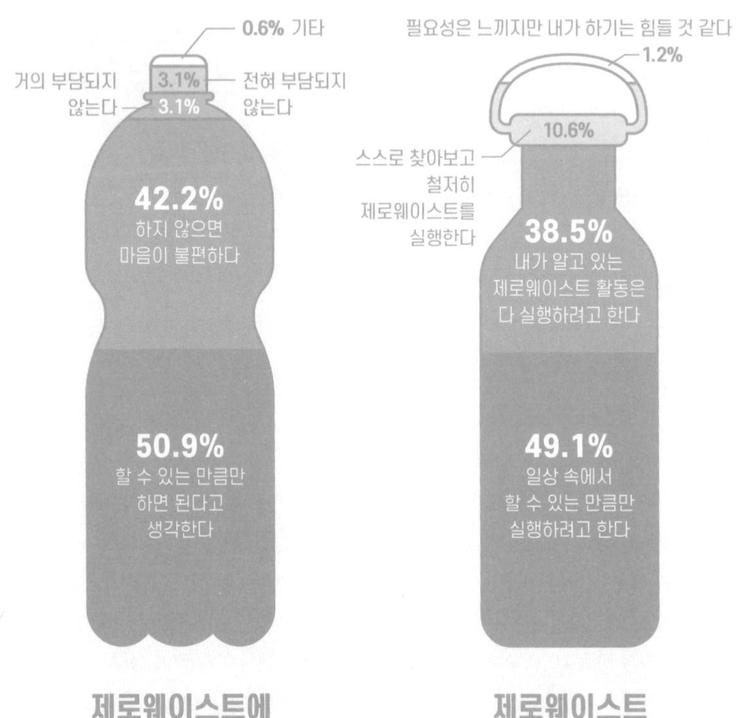

제로웨이스트에 부담을 느끼는 정도

제로웨이스트를 할 수 있는 만큼만 하면 된다고 생각하는 사람이 50.9%로 과반수를 차지했고, 제로웨이스트를 하지 않으면 마음이 불편하다고 느끼는 사람도 42.2%로 많았습니다. 부담을 느끼지 않는 사람은 총 6.2%로 매우 적었습니다. 대부분의 사람이 정도의 차이는 있어도 제로웨이스트에 부담을 가지고 있다고 할 수 있습니다.

제로웨이스트 실천 의지 정도

생활 속 제로웨이스트의 필요성을 느낀 이들 중 절반인 49.1%의 사람이 일상 속에서 할 수 있는 만큼만 실행하려고 한다고 답했고, 38.5%의 사람이 자신이 알고 있는 모든 활동은 다 실행하려고 한다고 답했습니다. 생각보다 훨씬 더 많은 사람이 제로웨이스트의 필요성에 공감하고 실천 의지를 가지고 있다는 것을 알 수 있습니다.

제로웨이스트가 보편적으로 실행되기 위해서 할 일

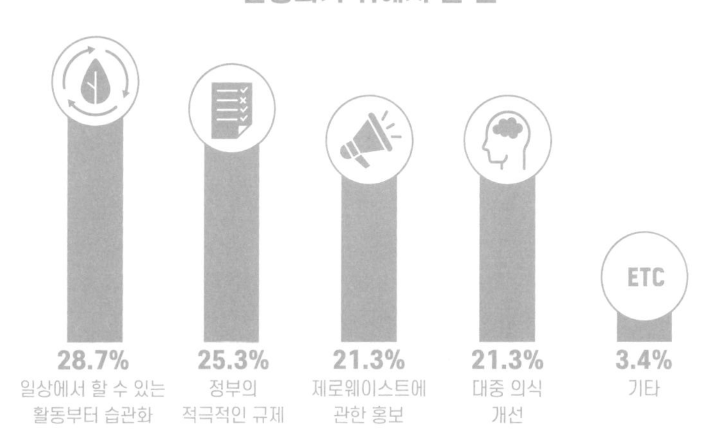

제로웨이스트가 보다 보편적으로 실행되기 위해서는 일상에서 할 수 있는 활동부터 습관화해야 한다는 의견이 28.7%로 가장 많았습니다. 정부의 적극적인 규제가 필요하다는 의견은 25.3%로 뒤를 이었고, 홍보가 필요하다고 느낀 사람과 의식 개선이 필요하다도 생각한 사람도 각 21.3%로 고른 분포를 보였습니다. 현실적으로 규제를 바로 도입하기엔 어려움이 있습니다. 이는 많은 사람이 토론하고 협의해야 하는 문제니까요. 다만, 일상에서 할 수 있는 활동을 습관화하고 우리의 의식을 개선하는 일은 지금 나부터 실행할 수 있습니다.

❖

저는 이 책에서 제로웨이스트가 그렇게 어려운 일이 아니라는 것을 이야기할 예정입니다. 저 또한 평범한 주부로서, 무언가 특별한 사명감을 가지고 제로웨이스트를 시작한 게 아니거든요. 그저 옳다고 생각한 살림법, 쓰레기와 소비를 줄이는 살림법을 찾다 보니 자연스럽게 제로웨이스트를 실천하게 되었을 뿐입니다. 누구나 같이 실천할 수 있으니, 저의 이야기를 읽고 우리 함께 일상 속 제로웨이스트에 대해 생각해 보았으면 합니다.

Savvy

제로웨이스트 기초 상식

제로웨이스트란 폐기물이 전혀 발생하지 않는 것을 말합니다. 사람이 살아가면서 쓰레기 발생을 최소화할 수는 있어도 완전히 '제로'로 만들기는 어렵습니다. 극한의 제로웨이스트 고수도 쓰레기를 조금은 남기니까요. 하지만 일상생활에서 발생한 쓰레기를 잘 버리고 올바르게 배출해서 자원으로 만들 수 있게 돕는다면 이 또한 제로웨이스트 실천에 도움이 됩니다. 자원 순환으로 폐기물 발생을 줄일 수 있으니까요.

일상에서 제로웨이스트 실천하기는 그리 어렵지 않습니다. 평소 생활에서 약간만 더 관심을 기울이면 되지요. 하지만 어떤 게 환경을 위한 행동인지 몰라서 실천하지 못하는 사람이 훨씬 많습니다. 쓰레기만 잘 버려도, 재활용 분리배출만 올바르게 해도 당신은 이미 제로웨이스트 실천가라 할 수 있습니다.

쓰레기 잘 버리는 법

투명 페트병 분리배출법

투명 페트병 별도 분리배출제가 시행됐습니다(2020.12.25. 공동주택 시행, 2021.12.25. 단독주택 시행). 생수 및 음료의 투명 페트병은 고품질 재활용품입니다. 2ℓ짜리 생수 5병이면 일반 티셔츠 1벌로 재탄생할 수 있어요. 하지만 다른 플라스틱과 섞여서 배출될 경우, 노끈이나 솜처럼 가치가 낮은 재활용품으로 재활용됩니다. 품질 향상을 위해 페트병의 별도 분리배출은 매우 중요합니다.

우리나라에서는 해마다 해외에서 7.8만 톤의 투명 페트병을 수입해서 원료를 확보하는 실정이라 합니다. 해외의 투명 페트병을 국내에 수입해 자원이 이중으로 낭비되는 일이 없도록 올바른 분리배출이 필요합니다. 투명 페트병이 쓰레기가 될 것인가, 소중한 자원이 될 것인가? 우리 손에 달려 있어요.

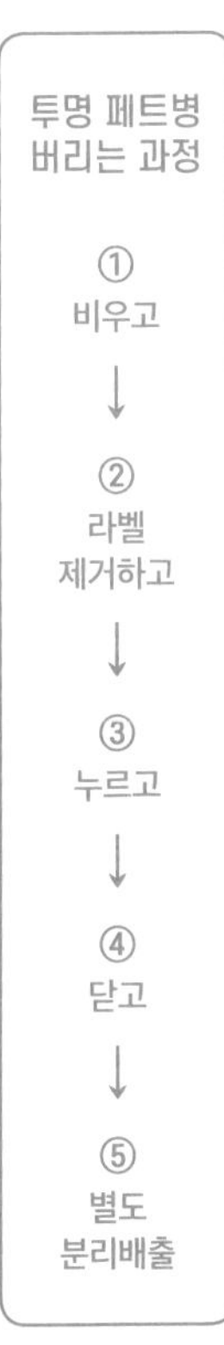

① 깨끗이 비워야 하는 이유

음료가 든 투명 페트병의 경우 내용물을 비우고 물로 간단히 행군 뒤 배출해야 합니다. 끈적한 침전물이 남았거나 음료가 들어 있으면 시스템상 재활용되지 못합니다.

② 라벨을 제거해서 배출해야 하는 이유

사람의 손으로 일일이 라벨을 제거할 수 없는 시스템이며, 라벨과 페트병의 재질이 달라서 투명 페트병이 고품질 원료로 재활용될 수 없습니다.

③ 최대한 납작하게 눌러서 배출해야 하는 이유

배출함의 크기가 정해져 있어 한 번에 많이 담을 수 없고, 부피를 줄이면 운반 비용을 절약할 수 있습니다.

④ 뚜껑을 닫고 배출해야 하는 이유

납작하게 누르고 뚜껑을 닫으면 부풀어 오르지 않아 부피를 유지할 수 있고, 이동 중 이물질 침투를 막아줍니다. 뚜껑은 공정 과정 중에 자동으로 탈착된다고 하니 뚜껑과 고리를 분리하지 않아도 됩니다.

* 커피 컵이나 과일 트레이처럼 투명한 플라스틱을 투명 페트병으로 착각해 별도 분리배출함에 함께 배출하는 경우가 많다고 합니다. 투명 페트병 별도 분리배출은 음료와 먹는 생수 페트병만 해당됩니다. 커피 컵과 과일 트레이는 일반 플라스틱류로 버려 주세요. 이 부분을 꼭 강조하고 싶습니다. 함께 섞이면 재활용률이 떨어져 투명 페트병 별도 분리배출의 의미가 없게 됩니다.

음식물 쓰레기 분류법

다음의 종류는 음식물 쓰레기가 아닙니다. 꼭 쓰레기 종량제 봉투에 담아 배출하세요.

채소류	향이 강한 양파 껍질, 마늘, 생강 껍질, 질긴 옥수수 껍질, 옥수숫대
과일류	코코넛·밤·파인애플 등 딱딱한 껍데기, 호두·땅콩·도토리 껍데기(단, 과일의 씨앗과 부피가 큰 과일 껍질인 수박과 멜론은 작게 자르면 음식물 쓰레기로 배출할 수 있다.)
육류	소·돼지·닭 등의 털 및 뼈다귀
어패류	생선 뼈, 조개·소라·전복·꼬막·굴 등 어패류 껍데기, 게·가재 등 갑각류 껍데기
차류	한약 찌꺼기, 녹차 등의 티백, 차 찌꺼기
알껍데기	달걀·오리알·메추리알·타조알 등의 알껍데기
곡류	왕겨

각 가정에서 배출되는 음식물 쓰레기는 동물의 사료나 퇴비로 재활용됩니다. 음식물 쓰레기를 버릴 때 비닐 조각이나 플라스틱 조각이 섞여 있지 않은지 한 번만 살펴 주세요.

'내 손 안의 분리배출' 어플

쓰레기 분리배출이 어렵고 애매모호할 때 '내 손 안의 분리배출' 어플을 활용해 보세요. 배출해야 할 물품의 파악이 어려워 어떻게 처리할지 모를 때 품목 검색 기능으로 찾아 볼 수 있습니다. 품목에 없는 물품은 Q&A 게시판에 문의할 수 있습니다.

폐건전지, 폐형광등을 분리배출 해야 하는 이유

폐건전지

폐건전지가 땅에 매립되면 수은·망간·아연 등 독성 물질이 땅과 물을 오염시키고, 오염된 곳에서 자란 농산물과 어패류를 먹으면 파킨슨병 유발, 사지 마비 등 인체에 심각한 영향을 끼칩니다. 이런 이유로 폐건전지는 절대 일반 쓰레기로 버리면 안 됩니다. 폐건전지는 재활용률이 높아 분리배출만 잘해도 연간 약 200억 원의 경제적 효과가 있다고 해요.

폐형광등

형광등 안에는 미량의 유해 물질인 수은이 함유돼 있어 반드시 안전처리 후 재활용돼야 하는 품목입니다. 절대 일반 종량제 봉투에 버리면 안 됩니다. 깨진 형광등을 버리면 공기 중으로 수은이 노출되므로 반드시 깨지지 않도록 안전하게 분리수거 함에 배출합니다. 만약 깨진 형광등이 있으면 분리수거 대상이 아니며 '특수 규격 마대'에 담아 배출합니다.

배출 장소

- 주민센터: 동별 주민센터에 폐건전지와 폐형광등 배출함이 별도로 마련돼 있습니다.
- 공동주택: 아파트에도 별도 배출할 수 있게 배출함이 있습니다. 단, 이는 거주지마다 다를 수 있으니 관리사무실에 문의 후 이용하면 됩니다.

배출 방법

- 폐건전지: 녹슬지 않게 보관하고, 물기를 꼭 제거해서 분리수거 함에 배출합니다.
- 폐형광등: 포장을 벗겨내고 깨지지 않게 조심해서 분리수거 함에 배출합니다. 깨진 폐형광등은 특수 규격 마대에 담아 배출합니다.

나눔과 공유

입지 않는 옷, 버리지 마세요

멀쩡하지만 입지 않는 옷을 정리할 때는 헌 옷 수거함을 이용하면 된다는 사실은 이제 많이 알고 있을 거예요. 여기서는 헌 옷 수거함 외에 옷을 정리할 때 이용할 수 있는 곳을 소개합니다.

굿윌스토어

밀알복지재단의 굿윌스토어는 개인, 기업, 교회의 물품을 기증받아 장애인의 일자리 창출을 도모하고 있습니다. 매장에서 판매되는 수익으로 장애 근로인들에게 최저 임금을 지급하고 있습니다. 직접 매장을 찾아 기부를 하거나, 양이 많으면 집으로 방문해 수거도 해 줍니다. 헌 옷 등 물품을 기부하고 기부금 영수증을 발급받으면 연말 정산 때 세액 공제를 받을 수 있습니다.

아름다운가게

물건의 재사용과 재순환을 도모해 생태적이고 친환경적인 세상을 만들어 가는 아름다운 가게는 매장에서 판매된 수익금으로 국내외 소외 이웃을 돕고 있습니다. 매장 기부는 물론, 양이 많으면 방문 수거도 가능하며 무게에 따라 편의점 택배 기부도 가능합니다. 헌 옷 등 물품을 기부하고 기부금 영수증을 발급받아 연말 정산 때 세액 공제를 받을 수 있습니다.

숲스토리

발달 장애인에게 직업의 기회를 제공하고 일자리를 통한 경제적 자립을 지원하는 사회적 협동조합으로, 의류나 물품을 기증받아 매장에서 판매합니다. 수익금은 발달 장애인을 위한 고용 개발 및 지원 비용으로 사용됩니다. 일정량 이상이면 방문 수거도 가능합니다. 헌 옷 등 물품을 기부하고 기부금 영수증을 발급받아 연말 정산 때 세액 공제를 받을 수 있습니다.

공유 업체 활용법

유럽에 플리 마켓이 있다면 우리나라에는 벼룩시장이 있어요. 서울에 유명한 오프라인 중고 물품을 매매하는 곳으로 동묘 벼룩시장, 뚝섬 아름다운나눔장터가 있습니다. 요즘은 IT 기술의 발전으로 온라인 중고 물품 매매가 활발해지고 있지요. 그중 몇 곳을 정리해 봤어요. 이 외에도 안 쓰는 기프티콘을 거래하는 '기프티스타'와 '니콘내콘' 서비스도 있습니다.

번개장터

2010년 국내에서 가장 먼저 모바일 앱으로 중고 거래를 시작한 서비스.

중고나라

2003년 개설된 곳으로, 중고 물품을 거래하는 단순한 인터넷 카페로 시작한 커뮤니티.

당근마켓

당신 근처에서 만나는 마켓. 거주지 반경 6km 이내로 거래를 제한하는 동네 거래 플랫폼. 수수료 없는 개인 간의 중고 직거래를 추구한다.

주마

중고나라가 출시한 방문 매입 서비스. 재활용 전문 컨설턴트가 직접 방문 매입해 수거한 뒤 재판매한다.

땡큐마켓

직접 중고 제품을 직매입하고 상품화해서 재판매하는 서비스.

모바일 고물상

스마트폰 앱에 헌 옷, 헌책, 소형 가전 등 처분할 품목 및 날짜를 입력하면 수거 업체 직원이 화물차로 수거하는 서비스. '수거왕' '동고물' '여기로' '피커스' 같은 모바일 고물상 앱이 있다.

친환경 제품 찾는 법

물건을 살 때는 이 마크를 확인하세요!

환경부에서는 친환경 제조법을 사용하거나 우수한 품질 관리를 유지하는 업체를 위해 일정한 기준을 제시하고 특별한 마크를 붙일 수 있도록 하고 있습니다. 다음 마크를 기억해 두고 물건을 살 때 참고하면 좋겠지요.

환경표지(환경마크)

환경표지 인증 제도는 제품의 제조, 소비, 폐기 등 전 과정에 걸쳐 에너지 및 자원의 소비를 줄이고, 오염 물질 발생을 최소화할 수 있는 녹색 제품을 선별해 로고와 설명을 표시하도록 하는 자발적 인증 제도입니다. 1979년 독일에서 처음 시행된 이 제도는 현재 유럽연합(EU), 북유럽, 캐나다, 미국, 일본 등 40여 개 국가에서 성공적으로 시행되고 있으며, 우리나라는 1992년 4월부터 시행하고 있습니다.

저탄소인증 마크

탄소 배출량 인증을 받은 제품 중 동종 제품의 평균보다 탄소 배출량이 적은 제품에 부여되는 마크입니다. 식품, 세제, 생활용품 등 다양한 상품에 부착돼 있습니다. 일상 생활용품, 가정용 전기기기 등 모든 제품의 탄소 배출량 정보를 공개하고, 저탄소 제품 인증을 통해 시장 주도의 저탄소 소비 문화 확산에 기여합니다.

우수재활용제품인증 마크(GR)

국내에서 개발, 생산된 재활용 제품을 철저히 시험, 분석, 평가한 후 우수한 재활용 제품에 부여하는 마크입니다. 재활용 제품의 품질을 정부가 인증함으로써 제품 전 과정에서의 종합적 품질 관리 시스템을 마련하고, 재활용 제품에 대한 소비자의 불신을 해소할 수 있습니다.

알아두면 좋을 친환경 업체

평소 쇼핑을 할 때 가능하다면 제로웨이스트를 실천하는 친환경 업체를 이용하기도 합니다. 대표적인 친환경 업체 몇 곳을 소개합니다.

제로웨이스트 리빙 랩 지구별가게

jigubyulstore.com

제주도에서 제로웨이스트 제품을 판매하고 'No More' 플라스틱을 실천하는 곳. 쓰임이 다한 후 자연으로 돌아갈 수 있는 다회용품을 만들어 판매하며, 이를 알리기 위한 캠페인과 교육 활동도 해요. 특히 사이잘삼 수세미는 식물에서 추출한 천연섬유를 이용해서 자연으로 100% 돌아가고, 항구에서 닻줄로 사용했을 만큼 질기고 튼튼해 오래 사용 가능합니다. 그 외 유기농 순면 생리대, 설거지 바, 소창 드립백, 소창 행주, 소창 커피 필터 등을 제작해서 판매하고 있습니다.

한살림

www.hansalim.or.kr

사람과 자연 모두에 건강한 먹거리와 생활용품을 생산 및 공급하며, 생명을 살리고 지구를 지키는 뜻깊은 생활을 실천하는 곳입니다. 사람과 자연, 도시와 농촌이 생명의 끈으로 이어져 있다는 생각에서 출발해 자연을 지키고 생명을 살리는 마음으로 만들어졌습니다. 농사짓고 물품을 만드는 생산자들과, 이들의 마음이 담긴 물품을 믿고 이용하는 소비자들이 함께 결성한 생활 협동조합입니다.

동구밭

donggubat.com

2014년 세상에 변화를 만드는 사람이 되고 싶은 대학생 4명이 모여 만든 벤처입니다. 발달 장애인과 농사를 지으며, 그들이 도시 농부가 되기를 바라는 마음으로 마을 어귀의 작은 텃밭이라는 뜻의 동구밭이 시작됐다고 합니다. 현재 동구밭 팩토리에는 무려 20명의 발달 장애인이 함께 일하고 있다고 해요. 동구밭 팩토리에서는 액상 제품보다 더 나은 고체 화장품을 제조 판매하며 발달 장애인과 비장애인이 공존하는 튼튼한 사회를 만들어가고 있습니다.
동구밭 샴푸 바, 고체 바디 워시, 올바른 설거지 워싱 바, 천연 수세미, 올바른 과일 야채 세정제 등을 판매하고 있습니다.

Campaign

탄소 발자국 줄이기

'탄소 발자국(Carbon Footprint)'이라는 말을 들어 보셨나요? 탄소 발자국은 상품을 생산하고 소비하는 과정에서 발생하는 이산화탄소를 말합니다. 일주일에 하루만 고기 대신 신선한 채소를 먹어도 이산화탄소 배출이 감소돼 지구 온도를 낮출 수 있다고 합니다.

소고기 1kg을 생산하는 데 필요한 물의 양은 1만 5,500ℓ인 반면, 토마토 1kg을 기르는 데 필요한 물의 양은 180ℓ입니다. 소고기 1kg당 이산화탄소 배출량은 국내산 소고기 27.75kg, 수입산 소고기 108.2kg입니다. 가축을 대량 생산하기 위해 대규모 목초지와 경작지를 만들면 땅과 숲의 면적이 줄어들 뿐 아니라, 소가 풀을 소화하는 과정에서 나오는 트림과 방귀로 인해 메탄가스가 배출된다고 해요. 이는 이산화탄소의 23배나 강력한 온실가스이며, 자동차에서 배출되는 이산화탄소보다 86배 더 해롭다고 합니다.

농축산물을 생산, 유통, 보관하는 과정에서 온실가스가 배출되므로 상품 구매 시 저탄소인증을 받은 농축산물을 구매하는 방법도 이산화탄소 줄이기에 도움이 됩니다. 이뿐만이 아닙니다. 가정에서 이산화탄소를 줄이는 방법은 다양합니다. 물티슈 사용을 줄이면 한 사람당 1년에 2.2kg, 겨울철 실내 온도를 18~20도로 2도씩만 낮춰도 가구당 1년에 71.4kg의 이산화탄소를 줄일 수 있습니다. 또한 TV 한 시간 꺼 놓기는 1년에 16.5kg, 전기밥솥 보온 기능 사용 줄이기는 가구당 1년에 141.9kg의 이산화탄소를 줄일 수 있습니다.

탄소 발자국 즉, 이산화탄소 배출량을 줄이면 그만큼 생활비도 절약할 수 있습니다. 몇 년 전 저는 26평형 아파트에서 31평형 아파트로 이사하면서 조명 교체를 위해 초기 비용을 들여 전기 공사를 했어요. 26평 아파트에서 형광등 조명을 사용할 때보다 31평에서 LED 조명을 사용할 때의 전기 요금이 두 배로 적게 나왔습니다. LED 조명 한 개에 연 1만 5,363원의 전기 요금이 절약되며 가구당 연간 이산화탄소 138.3kg을 감축할 수 있다고 해요. 그리고 LED는 반도체를 이용한 조명으로 기존의 조명기기에 비해 90% 가까이 전력 절감이 가능합니다. 게다가 수은이나 필라멘트 등을 사용하지 않아 안전하다고 하지요. 초기 교체 비용은 들어도 장기적으로 봤을 때 안전과 비용적인 면에서 효율적이며, 에너지 절감과 이산화탄소 배출량 감소 등 이점이 많습니다.

겨울 실내 온도를 2도 낮췄더니 한겨울 난방비가 두 배로 줄었습니다. 평소에는 19~20도, 한파주의보가 있는 날엔 21도에 맞춰 생활했더니 10~15만 원 나오던 난방비가 5만 원대로 대폭 줄었습니다. 처음에는 실내 온도를 낮추면 난방비를 얼마나 줄일 수 있을까 궁금해서 시작했지만, 온도를 낮춰 보니 실내 건조함이 적어 가습기 가동하는 횟수도 줄었습니다. 그뿐만 아니라 안팎의 온도 차에 의해 생기는 결로가 심하지 않았으며, 피부가 건조하면 듬뿍 바르게 되는 화장품 사용량도 줄일 수 있었습니다. 실내 온도를 2도만 낮췄을 뿐인데 다방면에서 에너지 절약과 탄소 발자국을 줄이는 효과가 있었지요.

국제 유가가 고공 행진하고 있는 이 시기에 에너지 수입 의존율이 높은 우리나라 상황을 고려한다면 에너지 소비를 절감하는 나라 살림, 가정 살림이 절실해 보입니다. 에너지 소비 절감과 탄소 발자국을 줄이는 살림은 생활비 절약, 에너지 절약, 이산화탄소 배출 절감의 효과까지 있습니다.

탄소 발자국 계산기 www.kcen.kr

저탄소, 저소비 살림에 관심이 있다면 한국기후환경네트워크에서 제공하는 탄소 발자국 계산기로 이산화탄소 배출량을 계산해 봅시다. 다이어트할 때 음식의 칼로리를 계산해서 섭취량을 조절하듯 이산화탄소 배출량을 조절할 수 있습니다.

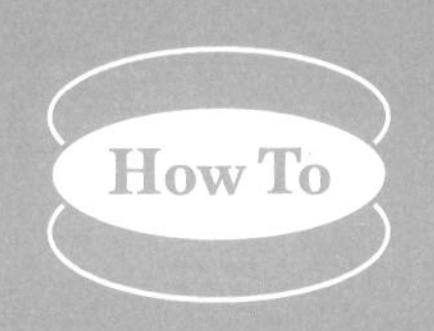

일상에서 시작하는 제로웨이스트 실천법

Part 1.

살림 이야기

환경을 생각하니 살림이 재밌어졌다

풍족하지 못해 가난한 시대를 사셨던 부모님들은 불편해도 참고, 버티고, 아껴야만 했습니다. 그래야 굶지 않고 하루하루를 살아갈 수 있었으니까요. 그래서 자식들에게 늘 말씀하십니다.

"아껴야 잘 산다."

힘들게 살아오신 부모님의 가르침을 받고 자란 저는 제 딸에게 말합니다.

"아껴야 자연이 잘 산다."

이제 주체가 내가 아닌 자연으로 바뀌었습니다. 오늘날 풍족한 시대에는 쌓여 가는 쓰레기를 걱정하며 아껴야 한다고 생각합니다. 자연이 파괴되면 모든 것을 잃게 되니까요.

정수기 대신 수돗물을 끓여서 마십니다. 한겨울과는 달리 한여름에는 끓인 물을 냉장고에 빨리 넣지 않으면 쉬이 상합니다. 여러모로 불편합니다. 그래서 딱 여름 한 철만 생수를 사다 먹자고 마트를 찾는 날이 있었습니다. 그러다 보니 여름 내내 생수병에 든 물을 마시고 빈 플라스틱을 배출할 때마다 마음이 편치 않았어요.

텃밭 가는 길 공원에 약수터가 있습니다. 어느 날, 빈 텀블러에 그 약수터 물을 받아 냉장고에 넣어놨더니 딸이 그걸 마셨나 봅니다.

"엄마, 이 물 어디 거야? 물비린내 안 나고 맛있다."

약수터 물이 더 맛있다는 아이의 말에 플라스틱 배출하면서까지 생수를 사 먹을 필요 없겠다 싶었어요. 그 후 생수를 사러 마트에 가지 않았고, 배출하는 페트병이 없어 마음이 편해졌으며, 소비도 줄었습니다.

일상생활에서 발생하는 쓰레기를 최소화하고 일회용품을 사용하지 않는 것을 제로웨이스트라 합니다. 쓰레기 발생이 '제로'가 될 수는 없겠지만 노력해서 발생을 최소화할 수는 있습니다. 플라스틱 사용을 없앨 수는 없어 다른 것으로 대체해서 사용하니 배출되는 플라스틱을 줄일 수 있었고, 대체품을 사용함으써 인해 일회용 비닐의 구매와 사용을 줄일 수 있었습니다.

환경을 위해 조금 불편해도 괜찮은 '제로웨이스트 살림법' '경계를 허무는 식재료 보관법' '이보다 더 쉬울 수 없는 분리배출법'을 통해 일상 속에서 쓰레기와 소비가 줄어드는 마법 같은 살림을 경험할 수 있습니다.

제로웨이스트 살림법

비닐장갑이 내 손보다 위생적일까?

_ 일회용 비닐장갑을 사용하지 않는 이유

일회용 비닐장갑이 없던 시절에는 손으로 나물을 무치고, 김치를 담갔습니다. 손에 묻은 양념은 받아 놓은 쌀뜨물에 씻어 내면 손에 밴 양념 냄새까지 씻겼지요.

쪽문에 턱을 괴고 엄마의 튼 손을 지켜보면서 비위생적이라는 생각을 해 본 적이 없습니다. 엄마의 맨손으로 썰어 주는 김치와 조물조물 무쳐 내는 나물에 어릴 적 우리는 짧은 엄지손가락을 치켜들며 맛있다는 표현을 했지요. 그때 그 시절 모든 음식을 맨손으로 만들어도 배탈이 나거나 장염에 걸린 적이 단 한 번도 없었답니다.

요즘 아이들은 그때랑 다릅니다. 우리 아이들은 태어나면서부터 비닐장갑에 적응해 갑니다. 식당에서 아기 기저귀를 교체하는 젊은 엄마 손에 일회용 비닐장갑을 끼고 있는 걸 보고, 저 자신을 되돌아보게 되더군요. 저도 아이에게 비닐장갑을 끼고 음식을 먹였으니까요. 그렇게 자란 아이는 당연히 엄마 손보다 비닐장갑이 더 깨끗하고 위생적이라고 인식합니다. 맨손으로 떡을 잘라 주면 "엄마 손 씻었어?"라고 매섭게 째려봅니다. 닭 다리를 찢어 입에 넣어 주면 "비닐장갑 없어? 내가 포크로 먹을게. 그건 엄마가 먹어"라고 말합니다.

서운하지만 어쩔 수 없습니다. 엄마인 제가 그렇게 길들였으니까요. 그런데 어느 날 금세 비닐장갑을 다 써 버려서 김치를 꺼내지 않고 있는 자신을 발견하고 한심해했지요. 씻은 묵은지를 먹고 싶다는 가족의 요청에도 그냥 있는 반찬 먹자며 회유까지 하고 있더군요. 비닐장갑이 소진되면 휴지가 떨어진 것처럼 불안하고 할 일을 하지 못

하곤 했습니다. 그때 비닐장갑 중독이란 진단을 스스로 내렸습니다.

"이건 분명 중독이야!"

휴지처럼 없어서는 안 될 필수품이 돼 버린 일회용 비닐장갑은 꼭 필요한 곳에 사용하면 참 좋은 제품입니다. 하지만 전 통제가 안 되더군요. 그래서 처음 1년은 20매짜리 소량만 사서 '꼭 필요할 때만 써야지' 하고 서랍장 한편에 소중하게 보관했습니다. 꿀 항아리를 숨겨 놓고 먹고 싶을 때만 꺼내어 먹는 것 같은 마음이었습니다. 김치 씻을 때, 날고기 만질 때만 써야지 했는데 어떻게 됐을까요?

자제력을 잃고 말았습니다. 일주일 만에 20매가 동이 났습니다. 김밥, 잡채를 할 때도 스스럼없이 꺼내더군요. 그래서 20매를 다 쓰고도 일부러 구매하지 않았습니다. 버티고 버티니 어느 날 금단 현상이 오더군요. 닭발 발라 먹을 때 "아, 비닐장갑 딱 한 장만 있으면 예쁘게 발라 먹을 수 있는데!" 하고, 고기를 양념에 조물조물하고 싶어 또 20매를 구매합니다.

다 쓴 후 또 버티고, 그러다 다시 사고……. 1년 동안 샀다, 안 샀다를 반복하다가 드디어 구매를 중단합니다. 없이 살아 보자며 1년을 비닐장갑 없이 버텼습니다. 어땠을까요? 적응하니 없어도 다 살게 되더군요. 중독에서 완치까지 2년이 걸렸지만, 지금은 비닐장갑 없이 잘 살아가고 있습니다. 비닐장갑이 아닌 진짜 제 손을 찾았습니다.

Think

손을 보호하기 위해서일까요? 음식의 위생을 위해서일까요? 일회용 비닐장갑이 등장했을 때 정말 대단한 발명이라는 생각이 들었어요. 어찌나 편리하고 좋던지 겨울에 손 틀 일도 없었습니다. 쌀을 씻을 때도 손에 물 묻는 게 싫어 비닐장갑을 툭 뽑아서 사용하니까요. 어느 해 치킨 가게에 가니 포크 대신 비닐장갑을 건네던 때가 있었어요. 아이디어 좋다며 칭찬했었지요. 잠깐 이용하는 주유소에 가도 일회용 비닐장갑이 구비돼 있었습니다. 물론 정전기 방지용이긴 하지만 비닐장갑 대신 물 넣은 분무기로 대체하면 좋지 않을까 하는 생각이 들었습니다.

당연하게 사용하고 버리기를 반복해서 그런지 우리도 모르는 사이 수많은 쓰레기더미가 산이 돼 자연과 사람을 위협할 지경이 됐습니다. 이렇게 심각한 상황이 올 줄 그때는 정말 몰랐습니다. 쌓여 가는 쓰레기를 볼 때마다 집에서 배출하는 쓰레기를 하나씩 줄이고 싶었습니다. 비록 한 가정에서 배출하는 쓰레기가 얼마나 되겠느냐만 이것이 모이고 모이면 쓰레기 산이 되니까요. 묵묵히 하나씩 실천해 나가기로 자신과 굳은 약속을 해 봅니다. 나의 작은 시도가 언젠가는 큰 변화를 만들어 내지 않을까 생각하면서요.

Zero Waste Tip

❶ 잡채 무침

소량의 잡채는 갖은양념을 넣고 다회용 나무젓가락으로 버무려 줍니다. 스테인리스 젓가락은 미끄러워서 버무리고 나면 손이 아플 수 있어요. 젓가락 사용이 힘들면 큰 통에 모든 재료를 다 넣은 후 살살 흔들어 섞어 줍니다. 양이 많으면 뜨거운 재료를 식힌 후, 두 손으로 골고루 나물을 섞으며 버무립니다. 간을 볼 때 당면과 갖은 나물을 손바닥에 얹어 한입에 쏙 넣으면 참 맛있어요. 손의 온기에 의해 양념이 골고루 스며들어 손맛을 느낄 수 있습니다.

❷ 나물 무침

생채와 나물은 다회용 나무젓가락을 사용합니다. 양이 많을 땐 나누어 무쳐 내면 일정한 맛을 유지할 수 있습니다. 된장으로 양념할 경우 손으로 조물조물 버무리면 나물에 간이 잘 스며듭니다. 그럴 때는 다섯 손가락을 이용해 조물조물 손의 온기를 더합니다. 참기름은 마지막에 뿌려 줍니다. 그러면 손에 참기름이 묻지 않아 좋습니다. 간을 내는 소금, 간장, 된장 등을 참기름과 함께 넣어서 버무리면 맛이 중화돼 짠맛이 덜합니다. 그러면 싱겁게 느껴져 또 간을 하게 되니 꼭 참기름은 마지막에 넣습니다.

❸ 김밥 말기

김밥은 김발 없이 말아도, 비닐장갑 없이는 안 되는 줄 알았는데 적응되면 정말 편합니다. 맨손으로 말면 자를 때 장갑을 벗었다 꼈다 할 필요도 없어요. 물론 김 위에 뜨거운 밥을 얹을 때 불편할 수 있습니다. 그럴 때 숟가락에 참기름을 묻혀 밥을 뜨고 김 위에 얹으면, 찰진 밥알이 숟가락에 붙지 않아요. 김 위에 밥을 넓게 펼칠 때도 숟가락을 이용합니다. 넓게 펼쳐진 뜨거운 밥이 어느 정도 식으면, 열 손가락을 이용해 김 여백에 밥을 채우고 김밥 재료를 얹은 후에 손으로 돌돌 말아 줍니다.

❹ 김치 담그기

소금에 절여 둔 깍두기는 체에 밭쳐 물기를 빼 줍니다. 미리 만들어 숙성해 둔 양념장을 넣고 숟가락 2개로 버무려 줍니다. 이때 숟가락 2개는 두 손이 됩니다. 손에 상처가 있거나 까진 부분이 있으면 손이 아릴 수 있어요. 이럴 때 숟가락을 사용하면 좋습니다. 물론 손이 건강할 때 맨손으로 버무리면 손의 온기로 무에 양념이 골고루 스며들어 더 맛있습니다. 배추겉절이도 같은 방법으로 할 수 있습니다. 물론 양이 많아지면 손이 투입되기도 합니다. 저희는 3인 가족이라 먹을 수 있는 만큼만 담기에 숟가락 활용으로 충분합니다. 물론 김장철 김치는 김장용 고무장갑을 착용하고 김장합니다.

❺ 고기 양념 재우기

고기를 양념에 재울 때는 먹을 만큼만 합니다. 한꺼번에 많은 양을 재우면 일회용 비닐장갑이 생각나기도 하고, 재운 고기가 냉동실에 들어갔다 나오면 맛이 떨어집니다.

갈비처럼 두꺼운 고기는 넓은 주걱으로 버무리고, 불고기처럼 얇은 고기는 소스를 붓고 냉장 보관하면 밤새 양념이 스며들어 있습니다. 바로 먹을 두루치기 종류는 양념에 재우지 않고 즉석에서 볶으면서 양념을 하면 되니 숟가락만으로 충분합니다. 뼈가 붙은 고기 종류는 오히려 비닐장갑이 불편하기도 합니다. 비닐장갑을 착용하고 버무리면 비닐이 뼈에 찢기는 난처한 상황이 생기기도 합니다. 조각난 비닐을 찾느라 고생한 적도 있지요. 그래서 비닐 장갑 대신 주방 조리 도구를 활용합니다.

더 편리한 대체품을 찾아라

_ 공짜로 얻은 세워지는 지퍼백

비닐장갑 사용을 포기한 경험을 바탕으로 위생백과 지퍼백도 구매하지 않고 있습니다. 일회용 비닐장갑보다 쉽게 결정을 내리고, 바로 실천할 수 있었습니다. 그리고 2년 동안 더 이상 구매를 하지 않고 있지요. 그 이유는 바로 위생백과 지퍼백을 대신해서 사용할 수 있는 다양한 대체품이 있기 때문이에요. 그래서 2년 전에 사놓은 지퍼백이 그대로 서랍장에 있습니다. 필요할 때 그 유혹을 이겨 낼 수 있었던 이유는 바로 식품 지퍼백에 있습니다.

밀가루나 설탕이 포장된 지퍼백은 정말 튼튼합니다. 보들보들 촉감도 좋아서 내용물을 다 먹고 깨끗이 세척한 후 바싹 말려서 서랍장에 보관해요. 가끔 자투리 채소를 담을 통이 없을 때 꺼내어 사용합니다. 특히 설탕 지퍼백은 설탕의 색을 보여 주기 위해 일부분이나 전체가 투명해서 안의 내용물을 볼 수 있어 좋습니다.

판매용 지퍼백은 세워지지 않지만, 밀가루와 설탕 지퍼백은 세워 놓을 수 있습니다. 보관과 사용이 편리해서 지퍼백을 더 이상 사지 않고 이걸로 대체해서 사용하고 있어요. 그리고 냉동실에 얼려서 보관하는 식품이 생기면 모아 둔 식품 지퍼백을 꺼내어 사용합니다. 그랬더니 식품을 보관하기 위해 지퍼백도 사지 않고, 보관용 플라스틱 통 구매도 줄었습니다.

위생백은 저절로 생기지 않던가요? 시장이나 동네 마트에 가면 대부분 투명 위생백에 콩나물이 포장돼 있습니다. 콩나물을 자주 사 먹으니 저절로 위생백이 생기더군요. 이걸 물기를 잘 말린 후 보관합니다. 이뿐만이 아니지요. 전통시장의 두부도 위생백에 담아 줍니다. 이 또한 깨끗이 씻어 물기를 말리면 재사용이 가능합니다.

그리고 이웃집에 먹거리를 나눠 줄 때 음식을 담을 빈 통이 없어도 활용하기 좋습니다. 살림하다 보면 빈 통이 늘 부족합니다. 그럴 때마다 플라스틱 통을 구매하기보다 위생백 활용으로 쓰레기도 줄이고 소비도 줄일 수 있었습니다.

위생백과 지퍼백은 이웃 간의 오고 가는 정을 담은 행랑 같은 역할을 합니다. 우리 집 먹거리를 이웃집에 나눠 주기도 하고, 이웃집 먹거리가 우리 집에 오기도 합니다. 그럴 때 참 많이 사용됩니다. 깨끗이 보관 후에 다음 먹거리 나눔을 기약하며 대기 중입니다.

Think

대부분의 식품 지퍼백은 투명하지 않아 안의 내용물을 볼 수 없습니다. 식품을 담아 놓고 찾지를 못하면 불편함이 이만저만이 아니지요. 그럴 때 겉면 우측 상단에 흰 테이프를 붙여 식품명을 적어 두면 한눈에 알아볼 수 있습니다. 이렇게 버리게 되는 지퍼백이나 위생팩을 적재적소에 잘 활용하면 언젠가는 장보기 구매 목록에서 삭제하는 날이 옵니다. 그러면 자연스럽게 일회용 비닐 사용이 줄어들지 않을까요? 쓰레기도 줄고 소비도 줄어드는 살림을 경험해 보길 바랍니다.

Zero Waste Tip

❶ 세척! 이렇게 해 보세요

위생백에 김칫국물이 묻으면 위생상 좋지 않아 버리게 됩니다. 이런 경우, 쌀뜨물에 위생백을 넣어 씻으면 김치 냄새가 사라집니다. 그런 후 햇빛에 말리면 물기도 제거되고 붉은색이 사라집니다.
지퍼백은 한 번 쓰고 버리기 아까우니 세척해서 반복 재사용이 가능합니다. 시리얼과 과자 지퍼백도 쌀뜨물이나 베이킹소다 물에 씻어 잘 말려 보관하면 빈 통이 없는 날 요긴하게 쓰입니다. 식품 지퍼백이 있으면 일회용 비닐봉지를 무심코 툭 뽑아 쓰는 습관이 줄어듭니다.

❷ 활용! 이렇게 해 보세요

재사용 지퍼백은 전통시장에 생선이나 닭을 구매할 계획이 있을 때 꼭 챙겨 갑니다. 재사용 지퍼백에 생선을 담아 오면 장바구니가 물에 젖지 않아 좋고, 집에 도착해서 바로 냉장고에 세워 보관할 수 있어 더욱더 좋아요. 며칠 뒤 꺼내도 생선의 신선함이 그대로 유지됩니다. 닭은 당장 먹을 게 아니면 이대로 냉동실에 보관합니다. 밀봉이 잘돼 냄새가 샐 틈이 없고, 세워서 보관되니 찾기도 쉽습니다.
재사용 지퍼백에 생선이나 닭을 담아 왔으면 베이킹소다 물로 씻고 잘 말려서 다시 재사용이 가능합니다. 만약 여러 번 재사용해 지퍼백이 갈라지면 교체해 주세요. 갈라진 틈 사이에 세균이 있을 수 있으니까요.

미세플라스틱 걱정 없는 친환경 수세미

_ 삶으면 다이옥신 대신 풀 향기가 솔솔

오래전 아크릴 수세미가 처음 등장했을 때 선풍적인 인기를 끈 이유는 세제 없이 설거지가 가능했기 때문입니다. 폭신폭신해 적은 양의 세제로 풍부한 거품이 나고, 수세미가 손에 착 감기는 느낌이 좋았습니다. 하지만 이런 합성 섬유로 만든 수세미에는 치명적인 단점이 있습니다. 기름 범벅 식기류를 합성 섬유 수세미로 닦으면 기름 찌꺼기가 수세미에 달라붙기 때문이지요.

기름을 제거하기 위해 뜨거운 물에 세제를 풀어 애를 써 봐도 소용이 없습니다. 이렇게 수명이 끝난 수세미가 땅에 묻히면 썩는 데 수백 년 이상 걸린다고 합니다. 화학 성분으로 만든 수세미는 미세 플라스틱 범벅이며 환경 호르몬이 나온다는 기사를 봤습니다. 특히 뜨거운 물에 설거지하면 다이옥신이 나온다는 이야기도 들었지요.

그런데도 미련을 버리지 못하고 대수롭지 않게 느끼며 오랫동안 사용했습니다. 어느 날 배수구 망에 든 음식물 찌꺼기를 물로 한 번 씻은 후, 음식물 처리기에 넣어 건조시켰습니다. 음식물 쓰레기가 건조돼 한 줌 가루가 돼 나왔는데, 그걸 빈 통에 담는 과정에서 반짝이는 무언가를 발견했습니다. 젓가락으로 집어서 들어 보니 합성 섬유 수세미에서 빠져나온 플라스틱이었습니다. 하나하나 골라서 모아 보니 적은 양이 아니었어요. 사용한 지 오래된 수세미가 점점 줄어들었던 이유가 여기에 있었던 겁니다.

심지어 수세미 조각은 고온에서 녹지도 않고 상태가 양호했습니다. 손으로 찢어 보니 아주 질기더군요. 그때 큰 충격을 받았습니다.

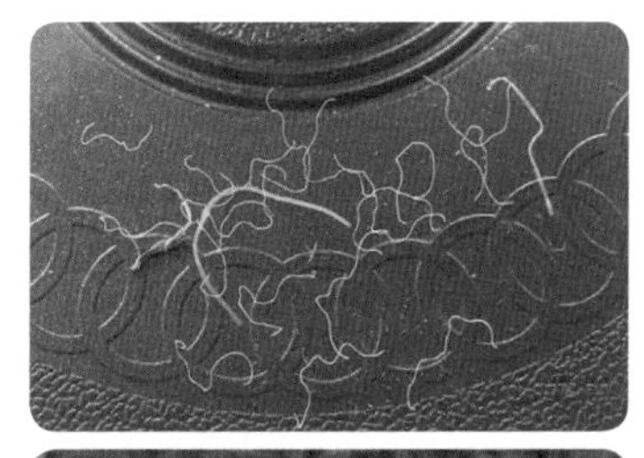

지금까지 수십 년 동안 음식물 쓰레기로 배출한 플라스틱 조각을 상상해 보니 아찔하더군요. 어쩌면 내가 버린 음식물 쓰레기가 가축 사료가 되지 않았을까요? 그 사료를 먹은 가축을 언젠가 우리 가족이 먹었을 수도 있겠다고 생각하니 참 나 많은 생각이 스쳤습니다.

결국 미세플라스틱이 나오는 합성 섬유 수세미 사용을 중단하고 쓰레기통에 버렸습니다. 썩는 데 수백 년 이상 걸린다는 기사를 떠올리며 작별 인사를 해야만 했습니다.

천연 수세미를 안 써 본 사람은 있어도 한 번 써 본 사람은 많지 않을 듯합니다. 그만큼 써 보면 매력이 참 많습니다. 가장 큰 매력은 세제 없이 설거지가 가능하고, 끓는 물에 넣고 삶을 수 있다는 점입니다. 물론 기름 범벅 식기류에는 약간의 세제가 필요합니다. 하지만 천연 수세미는 적은 양의 세제로도 풍부한 거품이 나고, 식기류나 팬을 닦을 때도 기름 잔여물이 들러붙지 않아요. 물로 헹구면 바로 수세미가 깨끗해집니다. 무엇보다 천연 수세미는 수명이 다하면 마음 편히 일반 쓰레기로 버리면 됩니다. 자연에서 키운 식물 수세미라 썩는 데 오랜 시간이 걸리지 않는 등 장점이 많습니다.

어릴 적에 시골에서 식물 수세미를 키워 즙으로 마시기도 하고 설거지도 했습니다. 그때는 어린 손에 닿으니 까슬까슬해 아팠던 기억이 납니다. 어릴 적 추억을 회상하며 천연 수세미로 설거지를 하는데 안심이 돼 즐겁고, 추억이 떠올라 즐겁습니다.

Think

수세미에 세균이 많아 자주 교체해야 한다는 뉴스가 나온 후 일회용 수세미가 등장했습니다. 한 번 쓰고 버리면 되니 이 얼마나 편리하고 위생적입니까? 하지만 편리한 생활의 보이지 않는 이면에서 쌓여 가는 쓰레기 산, 그리고 땅에서 수백 년 동안 썩어 가는 쓰레기에서 방출되는 메탄가스를 한 번만 떠올려 보면 좋겠습니다. 수세미에 세균이 많으면 자주 삶으면 됩니다. 합성 섬유로 만든 수세미를 삶으면 다이옥신이 나오겠지만 자연의 식물로 만든 친환경 수세미는 풀 내음이 납니다.

우리나라 이 좁은 땅의 수천만 가구에서 매일 하나씩 일회용 수세미를 쓰레기통에 버리는 상상을 해 보세요. 환경과 건강에 유익한 살림이 장기적으로 봤을 때 더 편리하다는 것을 깨닫게 될 것입니다.

Zero Waste Tip

친환경 수세미 종류

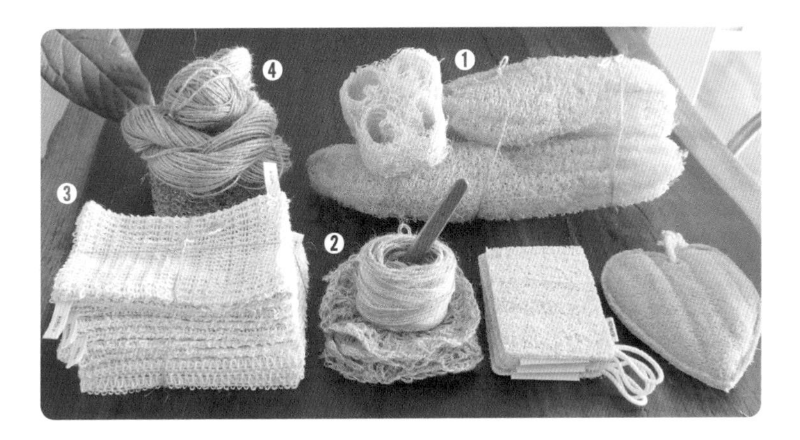

❶ 천연 수세미 천연 수세미는 시중에서 찾아 보기 어렵습니다. 국산 천연 수세미를 써 보고 싶으신 분들은 비영리 친환경 생활 협동조합인 한살림을 방문하거나 국내의 수세미 재배 농장과 직거래해서 써 보셔도 좋습니다. 요즘은 농장에서 개인 홈페이지나 유튜브 등을 통해 직접 거래를 진행하고 있으니 더 쉽게 접근할 수 있습니다.

텃밭이나 마당이 있는 분들은 봄에 수세미 씨앗이나 모종을 사다 심어 보세요. 하나의 모종에서 30개 넘는 수세미가 열렸습니다. 내 손으로 직접 키운 천연 수세미를 수확해서 설거지까지 한다면 이보다 더 큰 즐거움이 없지 않을까요?

❷ 삼베 수세미 삼베는 곰팡이균을 억제하는 항균성과 항독성이 있어 예부터 오랫동안 애용하던 수세미 재료 중 하나였다고 합니다. 워싱* 처리된 삼베 실은 부드러워 헹굼이나 과채 세척용으로 좋아요. 반면 워싱 처리되지 않은 천

연 삼베 실은 까슬까슬하고 거친 느낌은 있지만 세정력이 뛰어납니다. 천연 삼베에서 뽑은 삼베 실로 수세미를 떠서 사용해 보세요. 여름철 수세미 세균이 걱정되면 끓는 물에 삶아서 소독하면 됩니다. 삼베 실을 선택할 때는 워싱 처리되지 않은 실을 추천합니다. 천연 풀 그대로를 사용해 더 친환경적입니다.

* 워싱 : 의류 소재에 돌이나 모래 등의 다양한 재료를 적용하는 가공법

❸ 사이잘삼 수세미

제주도에 신선란이라고 불리는 백합목 용설란과의 외떡잎 식물이 있는데, 이 잎에서 섬유를 채취해 만든 수세미가 사이잘삼 수세미입니다. 섬유 특성상 질기고 뻣뻣해 항구의 배를 묶는 닻줄로 사용됐을 정도로 질기고 튼튼한 장점이 있습니다. 천연 식물 수세미라 삶거나 자주 사용하다 보면 크기가 조금 줄어드는 자연적인 현상을 볼 수 있습니다.

❹ 마 수세미

시중에서 흔히 볼 수 있는 마 끈으로 수세미를 떠 봤습니다. 마 수세미는 물을 흡수하면 무겁고 더 질겨집니다. 물 빠짐이 늦고 뻣뻣함 때문에 설거지용으로 사용하기에는 다소 불편함이 있지요. 하지만 질기고 거칠어 마모가 느려서, 배기 후드와 가스레인지의 기름때를 제거할 때나 싱크대와 화장실 청소용 수세미로 좋습니다. 탄 냄비나 눌어붙은 팬을 닦을 때 철 수세미 대용으로 사용하는 걸 추천합니다. 마 수세미도 뜨거운 물에 삶아서 소독할 수 있습니다.

Plus Tip

미세플라스틱을 줄이는 현명한 세탁 방법 7가지

가정에서 바다로 흘러들어 가는 미세플라스틱 배출의 주범은 바로 합성 섬유로 만든 옷! 합성 섬유란 폴리에스터, 아크릴, 나일론, 플라스틱을 가공한 섬유를 말합니다. 우리가 입는 옷의 60%를 차지해요. 옷을 입고 빨면 섬유가 마모돼 눈에 보이지 않는 미세플라스틱이 나옵니다. 2017년 세계 자연보전연맹에 따르면 바다로 유입되는 미세플라스틱의 35%가 옷에서 발생한 것이라고 합니다. 합성 섬유 옷을 대체해서 입을 수 있는 천연 섬유 옷은 한정적이에요. 가격도 비싸고 관리가 쉽지 않은 단점이 있습니다.

하지만 대안이 없지는 않습니다. 합성 섬유인 아크릴 섬유에서 나오는 미세플라스틱은 약 72만 개, 혼방 섬유에서 나온 미세플라스틱은 약 13만 개라고 합니다. 혼방 섬유 즉, 합성 섬유에 천연 섬유가 섞이면 미세플라스틱 배출량이 크게 줄어듭니다. 합성 섬유 옷 대신 혼방 섬유 옷을 선택하는 방법도 미세플라스틱 배출을 줄이는 하나의 방법이 되겠습니다.

마지막으로 세탁 방법만 바꿔도 바다로 유입되는 미세플라스틱을 줄일 수 있습니다. 현명한 세탁 방법 일곱 가지로 우리 가족과 바다 생물 가족의 건강을 지키면 어떨까요?

미세플라스틱을 줄이는 7가지 세탁법

1
낮은 온도로 세탁

세탁 시 물의 온도를 낮추면 미세플라스틱 배출량을 줄일 수 있습니다. 낮은 온도에서 세탁하면 원단 손상이 적어 미세플라스틱 배출이 줄어듭니다.

2
짧은 시간 안에 세탁

세탁기에 옷을 넣고 짧은 시간 안에 세탁합니다. 세탁 가동률이 길어지면 섬유에 가해지는 마찰이 길어져 미세플라스틱 배출이 늘어납니다. 가급적 세탁 가동시간을 줄입시다.

3
세탁기의 기종

통돌이 세탁기보다 드럼 세탁기를 추천합니다. 통돌이 세탁기보다 옷을 부드럽게 세탁하는 드럼 세탁기가 미세플라스틱 배출이 적습니다.

4
한꺼번에 모아서 세탁

조금씩 자주 세탁하는 것보다 한꺼번에 모아서 세탁하면 미세플라스틱 배출이 줄어듭니다. 세탁물이 적을수록 옷에 가해지는 마찰이 강해지기 때문입니다.

5
자연 건조

세탁이 끝난 옷은 가급적 자연 건조를 하는 게 좋습니다. 건조기를 사용하면 세탁기보다 약 3.5배 많은 미세플라스틱이 나옵니다. 뜨거운 열로 오랜 시간 건조하기 때문입니다.

6
필터에 담긴 찌꺼기 처리법

세탁이나 건조 후 필터에 걸러지는 찌꺼기는 꼭 일반 쓰레기로 버려야 합니다. 절대 물에 흘려보내면 안 됩니다. 세탁물 찌꺼기 속에 미세플라스틱이 다량 포함돼 있기 때문입니다. 꼭 일반 쓰레기로 버려야 합니다.

7
미세플라스틱 필터 사용

미세플라스틱을 걸러 주는 필터를 사용하는 것도 좋은 방법입니다. 해외에는 미세플라스틱을 걸러 주는 필터 제품이 많이 출시돼 있지만 국내에는 아직 상용화된 제품이 없어 아쉽습니다. 프랑스는 2025년부터 판매되는 세탁기에 미세플라스틱 필터를 의무 설치해야 한다는 법안을 2020년에 마련했다고 합니다. 의류 미세플라스틱과 관련한 첫 규제 사례입니다. 우리도 미세플라스틱 필터를 품은 세탁기로 마음 편히 세탁할 수 있는 날이 빨리 왔으면 좋겠습니다.

우리나라는 삼면이 바다로 둘러싸여 있습니다. 각 가정에서 세탁하고 나온 물에 섞인 미세플라스틱이 그대로 바다로 흘러간다면, 삼면의 앞바다에서 미세플라스틱을 품은 해산물을 먹을 확률이 높아집니다. 우리의 작은 관심이야말로 거름망이 돼, 바다로 유입되는 미세플라스틱을 걸러 낼 수 있습니다.

식재료 보관법
경계를 허무는

냉장고 채소 보관,
1년의 기록

_ 포도 봉투의 숨겨진 비밀

식재료를 보관하기 위해 빈 통을 찾으면 늘 부족합니다. 이런 날 시골에서 농작물이라도 올려 보내는 날은 난감합니다. 좁은 집에 많은 통을 소유하는 건 보관상 한계가 있어요. 시골에서 올라온 농작물을 보관하기 위해 일회용품이 총동원됩니다. 채소가 짓무르는 걸 방지하기 위해 키친타월에 채소를 돌돌 말아 일회용 비닐봉지나 지퍼백에 정성껏 넣습니다.

하지만 이렇게 보관해도 채소의 특성상 제때 먹지 않으면 상합니다. 정말 허무해요. 열심히 일회용품을 총동원해 잘 보관했는데 그 노력이 쓰레기가 돼 버립니다. 키친타월은 오염 물질이 묻어 재사용할 수 없는 지경이고, 일회용 비닐은 오염물이 흥건해 냄새가 지독합니다. 씻어서 재활용품으로 배출해야 하는데 지저분하단 핑계로 일반 쓰레기통에 버리게 됩니다. 아무런 소득도 없이 쓰레기만 발생시켰습니다. 그 많은 먹거리와 일회용 비닐이 냉장고 속으로 밀물처럼 밀려들어 왔다 썰물처럼 빠져나가 다 함께 쓰레기통에 처박히게 됩니다.

음식물 쓰레기를 버릴 때 마음이 더 쓰입니다. 특히 시골 부모님께서 땀 흘려 농사지어 보내 주신 농작물이 관리 소홀로 인해 상해서 버려야 할 때 늘 송구하고 죄송합니다. 밥을 먹을 때 아이에게는 밥과 반찬을 남기면 복이 달아난다는 둥, 지구 반대편의 굶주리는 아이들을 생각하라는 둥 훈계하면서 정작 살림을 책임지고 있는 저는 더 많은 음식물을 버리고 있었습니다.

살림 초보 시절의 실패의 경험을 통해 많은 걸 깨닫고 뉘우치며, 더 좋은 식재료 보관법을 늘 염두에 두고 생활했습니다. 현명한 살림을 위해 좋은 습관을 만드는 노력이 필요하다는 것을 깊이 깨달으면서요.

그러던 어느 날 포도 봉투가 눈에 띕니다. 아껴 먹는다고 냉장고 야채칸에 고이 넣어둔 마지막 포도 한 송이를 꺼냈습니다. 포도를 감싼 봉투-앞면은 작은 구멍이 송송 뚫려 있는 비닐이고 뒷면은 한지처럼 생긴 종이-를 보니 좀 전에 넣어둔 포도처럼 뽀송뽀송합니다. 분명 냉장고에 오랫동안 넣어 뒀다 밖으로 꺼내면 온도 차에 의해 습기가 생기는데 그렇지 않았어요. 포도와 봉투에 물방울이 맺혀 있지 않습니다. 그때 포도 봉투를 뚫어지게 관찰했습니다. 비벼 보고 종이 부분을 찢어 보다가 '종이는 습기를 흡수하고, 비닐은 수분을 보호하고, 작은 구멍은 공기 길인가?' 하는 지극히 개인적인 결론을 내리게 됐습니다.

그런 후 테스트를 해 봅니다. 다용도실에 먹다 남은 마 하나가 있었습니다. 포도 봉투에 넣어 야채칸에 넣어 놨습니다. 마는 냉장고에 들어가면 쉽게 곰팡이가 피는데, 과연 어떻게 될지 궁금한 마음으로 여러 날 지켜봤습니다. 다른 채소를 꺼낼 때마다 포도 봉투에 든 마를 지나가는 눈으로 바라보니 그대로 있었습니다. 너무 신기해서 한 달을 더 지켜봤습니다. 그때도 그대로였어요. 그렇게 두 달을 넘기고 석 달을 넘길 때쯤 포도 봉투의 위력을 실감했습니다. 마를 꺼내어 먹어도 되지만 내년 2월까지 테스트를 해 보고 싶어졌습니다.

1년 뒤 포도 봉투에 든 마를 꺼냈더니 썩지 않았습니다. 대신 쪼글쪼글 말라 있었습니다. 눌러 보니 과육은 남은 듯해 먹어 봤습니다. 아삭아삭 식감은 살아 있지만 수분은 많지 않았으며, 맛의 변질은 없었지만 고소함이 없었어요.

포도 봉투 중에 포도 재배 때 씌우는, 전면이 종이로 된 봉투가 있습니다. 우리가 흔히 알고 있는 포도 봉투지요. 포도밭에 가면 하얀 봉투가 대롱대롱 달려 있는 걸 볼 수 있을 거예요. 하지만 이 종이봉투는 사용할 수 없습니다. 포도와 함께 비바람도 맞아 이물질이 묻어 있어요. 여기서 말하는 포도 봉투는 거봉, 샤인머스캣을 수확해서 출고하기 전에 포장하는 크고 깨끗한 봉투를 말합니다. 앞면은 작은 구멍이 뚫려 있는 비닐, 뒷면은 종이로 구성돼 있습니다.

식재료에 습기가 생기게 하지는 않지만 장시간 보관하면 마르는 포도 봉투의 특성상, 겉껍질이 켜켜이 쌓인 양파와 마늘을 보관해도 좋습니다. 그러나 포도 봉투에 많은 양을 넣어서 보관할 수는 없습니다. 재질이 약해 잘 찢어지기 때문이지요. 하지만 1인 가구나 자취생 그리고 식재료를 소량으로 구매해 먹는 분들에게 도움이 되지 않을까 생각합니다. 당분간 먹을 만큼의 양은 실온에 놔두고 나중에 먹을 양만 포도 봉투에 보관해도 상해서 버리는 식재료를 줄일 수 있습니다.

Think

거봉을 꺼내고 포도 봉투를 분리배출 할 때마다 늘 아깝다는 생각이 들었어요. 반짝이는 비닐은 농부의 손에서 우리 집 식탁에 바로 온 듯 손때 묻은 흔적이 없었고, 종이는 구겨진 부분 없이 깨끗했습니다. 이렇게 반듯한 종이와 비닐을 찢어서 분리할 때마다 '이런 포장을 꼭 해야만 하나?' 하는 생각이 들었어요. 너무 깨끗해서 버리기 아까웠거든요. 늘 이런 생각을 품고 살림하다 보니 일회용 비닐, 종이, 플라스틱 통의 사용이 줄어들었습니다. 사용이 줄어드니 구매를 하지 않게 되고, 구매를 않으니 생활비 지출이 줄었고, 생활비 지출이 줄어드니 삶이 여유로워졌습니다.

하나의 문제가 해결되니 다른 문제도 함께 해결되는 경험을 하게 됐습니다. 현명하고 유익한 살림은 결국 자연으로 보내는 쓰레기를 줄이는 상생 효과가 생깁니다. 이런 것이야말로 자연과 사람이 공존할 수 있는 소소한 방법이 아닐까 생각합니다.

Zero Waste Tip

❶ 포도 봉투에 농약이 묻어 있지 않을까요?

포도는 출하 한 달 전부터 농약 살포를 하지 않는다고 합니다. 만약 하더라도 정부에서 규정된 양만큼 살포하고, 수확하기 전에 거의 발효돼 증발한다고 해요. 농약 묻은 포도를 포도 봉투에 넣었을 때 그 포장지에 묻는 농약의 양은 미미하다고 합니다. 그리고 포도 봉투에 보관하는 채소는 껍질째 보관해야 합니다. 껍질을 벗긴 채소는 보관할 수 없습니다.

❷ 이런 채소 보관을 추천합니다

왼쪽 : 베란다에 보관된 싹이 난 마늘.
오른쪽 : 포도 봉투에 보관한 싱싱한 마늘.

흙 묻은 감자, 껍질 있는 양파와 마늘, 흙 묻은 마와 우엉을 보관할 때 가장 적합합니다. 베란다에 놔 둔 감자에 싹이 날 때쯤 포도 봉투에 넣어 뒀더니 그 감자에는 싹이 나지 않았습니다. 오히려 수분을 머금고 있어 단단하지요. 신문지에 돌돌 말아 놓은 마와 우엉은 쪼글쪼글해지지만, 포도 봉투에 든 마와 우엉의 육즙은 살아 있습니다. 껍질이 있으면서 씻지 않은 채소 보관을 추천합니다.

❸ 포도 봉투에 넣은 고추에 곰팡이가 생겼어요

포도 봉투에 고추나 대파를 보관할 때 조금이라도 물기가 남지 않게 합니다. 봉투 뒷면이 종이 재질이라 쉽게 곰팡이가 생길 수 있기 때문이지요. 포도가 한 알만 터져도 포도 봉투에 곰팡이가 생기는 것을 본 적이 있을 겁니다. 마찬가지로 고추는 마른 천으로 물기를 충분히 닦거나 실온에서 몇 시간 수분을 날려 보내고 보관합니다. 대파는 흙이 묻은 그대로 잘라서 보관합니다. 잘랐을 때 흐르는 수액은 닦아 줍니다. 자르지 않고 뿌리째 접어서 넣으면 더 좋습니다. 고추는 하나하나 만져 보고 무르거나 말랑한 것은 빨리 먹는 게 좋아요. 검은 먹을 가까이하면 검어지듯 상태 나쁜 채소를 가까이하면 다른 채소도 모두 상태가 나빠집니다. 분리해서 보관할 필요가 있습니다.

❹ 냉장고에 어떻게 보관하면 좋나요?

포도 봉투 비닐에는 작은 구멍이 있습니다. 냉장고 야채칸에 아무렇게나 넣어 두면 안 됩니다. 다른 채소에 짓눌려 숨구멍이 막힐 수 있으니까요.

세워서 보관하면 공기 구멍이 막히지 않아서 쉽게 썩지 않고 곰팡이를 방지할 수 있습니다. 버리는 작은 음료 상자나 과자 상자가 있으면 활용해도 좋고, 햄버거 종이봉투를 접어서 야채칸에 넣어 놓으면 포도 봉투를 세워서 보관하기에 적합합니다.

❺ 포도 봉투의 숨겨진 비밀?

1년 동안 관찰하고 사용한 결과, 개인적으로 포도 봉투가 좀 특별하다고 생각했습니다. 그냥 봤을 때는 일반 비닐과 종이 같은데 분명 무언가 특별한 점이 있지 않을까 의문이 들었어요. 그런데 유튜브 구독자 분들의 댓글을 보고 포도 봉투가 평범하지 않음을 짐작할 수 있었습니다.

ㄴㅇㅈ 님의 댓글 ⇒ 포도 봉투는 오래전부터 병원에서 먼저 사용됐습니다. 병원 재료의 포장에 사용되던 봉투입니다. 저 봉투의 종이는 일반 종이와 달라요. 박테리아와 미생물은 투과가 어렵고 공기와 멸균된 가스만 투과되지요. 실제 병원에서 사용되는 것과 어떤 차이는 있을 수 있으나 이 내용은 상당히 타당하다고 보입니다.

ㅇㅈㅇ 님의 댓글 ⇒ 천연광물이 들어가 부패 속도가 느려서 부엌의 필수품, 야채나 과일 보관 짱! 자연 원료라 보관성이 뛰어나요.

❻ 이가 없으면 잇몸으로

포도를 안 먹는 분들의 질문을 받았습니다. 포도 봉투 사용을 위해 포도를 사 먹을 수도 없고, 포도 봉투를 어디서 구입할 수 있는지 물으셨습니다.

포도 봉투는 아주 약합니다. 아마 양파를 쑥 집어넣으면 종이가 곧바로 찢어질 수 있어요. 돈을 들여 구매하는 것은 추천하지 않습니다. 포도 봉투 대신 종이봉투를 사용해 보세요. 햄버거 종이봉투도 좋고, 아이스크림 종이봉투 등 요즘은 가벼운 물건을 비닐봉지나 종이가방 대신 종이봉투에 넣어 주는 것을 흔히 볼 수 있습니다.

재료가 쉽게 상하지 않는 친환경 보관함

_ 우유 팩을 활용한 식재료 보관법

결혼해서 살림하는 조카에게 전화가 왔습니다. 대파 보관용 플라스틱 통을 구매했는데 대파 한 단이 다 들어가지 않는다며 남은 대파를 어떻게 보관하면 좋을지 물었습니다. 저는 키 큰 우유 팩을 깨끗이 씻어 햇볕에 뽀송뽀송 말린 후 사용하라고 했습니다. 플라스틱 통을 하나 더 구매해도 좋지만, 다 쓴 우유 팩을 잠시 활용하는 것이 제로웨이스트를 익히는 데 중요하다고 일러 줬습니다. 그리고 일주일 뒤 구매한 플라스틱 통에 보관된 대파와 우유 팩에 보관한 대파의 차이를 느껴 보라고 했습니다. 그랬더니 2주 뒤 연락이 왔습니다. 우유 팩에 보관한 대파에 습기가 조금 생겼지만 아직도 싱싱하다며 신기해합니다.

가끔 플라스틱 보관함보다 다 쓴 우유 팩이 더 효율적일 때가 있습니다. 다만 보기에 예쁘지 않다는 단점은 있습니다. 궁상맞아 보일 수도 있어요. 하지만 필요한 물건이 생길 때마다 새로운 물건을 사게 되면 그걸 수납하기 위해 수납장을 사게 되고, 수납장을 들였더니 집이 좁게 느껴져 큰 집으로의 이사를 꿈꾸게 됩니다. 평수를 넓혀 이사해도 계속 물건을 들이면 그 큰 집도 언젠가는 좁게 느껴질 거예요.

러시아 전통 인형 마트료시카는 큰 인형 안에 약 80% 크기의 작은 인형이 들어 있고, 그 작은 인형 속에 또 작은 인형이 들어 있습니다. 꺼내고 또 꺼내도 작은 인형이 계속해서 나옵니다. 나열해 놓으면 그 수가 꽤 됩니다. 우리의 집도 현관문을 열면 그 속에 얼마나 많은 물건이 채워져 있는지 모릅니다. 닫아 두면 보이지 않지만, 현관문을 열고 방문을 열고 서랍장 문을 열었을 때 마주하는 건 많은 물건들입니다.

좁은 부엌의 서랍장은 늘 공간이 부족합니다. 다양한 조리 도구와 크기별 주방 식기류, 그리고 식품 보관함도 크기별로 구색을 갖추다 보니 서랍장 안은 늘 만석입니다. 이렇게 공간이 없을 정도로 물건이 많은데도 식품을 보관하려면 빈 통이 없어 난감한 상황이 종종 생깁니다.

이럴 때 버리는 물건에 주목하면 새것을 들이는 횟수가 줄어듭니다. 그리고 만원 버스나 지하철 안으로 사람을 밀어 넣듯 서랍장 속에 물건을 구겨 넣는 일이 생기지 않습니다. 버리는 물건은 필요할 때 잠시 활용하고 필요 없으면 재활용 분리배출 하면 되니까요. 특히 우유 팩은 다양하게 활용할 수 있습니다. 무엇보다 재질이 종이라 미세플라스틱 걱정도 덜 수 있습니다.

Think

옛 어머니들은 물건이 한정적일 때 필요한 무엇이 생기면 자연에서 찾았습니다. 짚이나 왕겨, 쑥이나 솔잎, 땅이나 항아리를 이용해 식품을 보관하거나 조리했습니다. 특히 냉장고가 없던 시절 여름이면 우물 안에 먹거리를 동동 띄웁니다. 두레박으로 물을 퍼 올리면 출렁이는 물결에 먹거리가 흔들리지요. 혹여 먹거리가 우물 안으로 빠질까 봐 조마조마했던 기억이 납니다. 그 시절에는 한정적인 물건에서 새로운 쓰임을 찾고 활용하며 지혜롭게 살림을 했던 것을 알 수 있습니다.

물건이 풍족한 현대 사회의 살림은 이렇게까지 애를 쓸 필요가 없습니다. 필요한 물건이 생기면 바로 구매할 수 있고, 냉장고가 있으니 먹거리도 풍족하게 저장할 수 있으니까요. 주위를 둘러볼 필요도 없고, 자연에서 대체품을 찾지 않아도 됩니다. 부족함 없이 다 있으니까요. 이렇게 편한 방식대로 그냥 그렇게 시대 흐름에 의식을 맡기고 살림하다 보면, 쓰레기 발생 빈도가 잦아집니다. 한 집에서 일주일 동안 배출하는 양이 어마어마합니다. 이럴 때마다 저는 어릴 적 엄마의 부엌살림을 떠올리며 버리는 물건에 주목하게 됐습니다. 대체품 활용은 확실히 쓰레기도, 소비도 줄일 수 있습니다. 그리고 서랍장의 여유 공간도 생기는 일석삼조의 효과를 경험할 수 있습니다.

Zero Waste Tip

❶ 우유 팩 세척

1,000㎖ 우유를 먹고 빈 팩을 깨끗이 씻어 냅니다. 상황에 따라 주방 세제 대신 쌀뜨물이나 베이킹소다 소량을 넣고 흔들어 씻어요. 주방 세제를 넣고 흔들면 많은 거품으로 여러 번 헹궈야 하는 번거로움이 발생합니다. 이렇게 씻은 후 통풍되는 곳에서 뽀송뽀송 말립니다. 세척과 말리는 과정에서 문제가 생기면 가끔 냄새가 나기도 합니다. 그럴 땐 다시 세척 후 말려야 합니다.
종이로 된 우유 팩은 접어서 보관할 수 있으니 필요할 때 하나씩 꺼내어 사용하면 좋습니다. 우유 팩 바닥에 닿지 않게 채소를 넣은 후 입구는 봉투 집게로 밀봉하고, 냉장고 문 아래 칸에 세워 둡니다. 우유 팩에 든 재료가 10일 뒤에도 남아 있다면 꺼내어 수분을 닦아 줍니다. 재료에 묻은 수분은 닦아 주고 우유 팩 바닥에 고여 있는 물은 버린 후, 새 우유 팩으로 교체해서 재료를 넣습니다. 그러면 10일 이상 더 두고 먹을 수 있습니다.
텃밭에서 수확한 식재료를 우유 팩에 보관했더니 한 달 이상 보관이 가능했습니다. 물론 텃밭에서 따 온 재료와 마트에서 구입한 재료의 저장 기간은 다를 수 있습니다.

❷ 대파 보관

계절에 따라 마르는 정도는 다르지만, 대파를 단으로 사면 평균 3일까지 다용도실에 세워 놔도 괜찮습니다. 세워 놓고 꺼내어 먹다가 잎끝이 노랗게 되면 손질해서 냉장고에 넣습니다.
대파 뿌리는 잘라서 작은 화분에 심어 놓으면 오늘 손질한 대파를 다 먹을 때쯤 더 자라 있어요. 육개장을 끓일 만큼 풍성하지는 않지만, 된장국에 넣거나 라면에 넣어도 남을 만큼은 자란답니다. 잘라 먹으면 또 싹이 올라옵니다. 매일매일 크는 게 보여 재미있어요. 아파트 베란다에서 세 번까지 키워 먹을 수 있었습니다. 꾸준히 관리만 잘하면 다년생으로 키워 먹을 수도 있답니다.

대파 뿌리는 심어서 키워 먹고 나머지 줄기와 잎은 정리해서 보관해요. 싱크대 서랍장을 열어 보관할 마땅한 빈 통이 없으면 깨끗이 씻어 우유 팩에 담습니다. 저는 대파를 썰어 냉동실에 보관해 먹는 일은 거의 없습니다. 맛이 없을 뿐만 아니라 영양소도 파괴되고, 녹았을 때 흐물거리는 느낌이 싫더라고요.

이렇게 버리는 물건에 주목하면, 습관적으로 사용하던 일회용품을 찾지 않게 됩니다. 대파를 보관하기 위해 사용되는 일회용품 3요소가 일회용 비닐봉지, 지퍼백, 키친타월이 아닐까 생각합니다. 포도 봉투와 우유 팩 등 버리는 물건에 주목하면 일회용품 3요소를 찾지도, 사용하지도 않게 됩니다. 일회용품 사용이 줄어들면 배출되는 쓰레기도 줄어들게 되지요.

❸ 풋고추 보관

만약 보관해야 할 고추가 많다면 깨끗이 씻어 체망에 담아 물기를 말립니다. 실온에서 충분히 물기를 말린 후, 당일 또는 다음 날 우유 팩에 담습니다. 오랜 시간 실온에 놔 두면 습기 방출량이 적습니다. 그렇다고 너무 오래 놔 두면 시들어 버리니 아무리 늦어도 다음 날에는 꼭 냉장고에 넣습니다. 최대 3~4주 동안 보관 가능합니다. 물론 텃밭에서 따 온 고추와 마트에서 산 고추의 저장 기간은 다를 수 있습니다. 자라는 방향대로 꼭지가 위로 오게 세워서 넣어 줍니다. 테트리스처럼 남은 공간에 잘 맞춰 넣으면 꽤 많이 들어갑니다. 그런 다음 다른 재료와 쉽게 구분하기 위해 붉은색 집게로 밀봉합니다.

❹ 생선을 보관하는 3가지 방법

세일해서 파는 조기를 15마리 샀어요. 생선은 냉동실에 얼려 놓으면 먹거리 걱정을 덜어 줘 든든합니다. 하지만 켜켜이 보관할 때마다 랩, 비닐, 기름종이 중 하나라도 사용하게 됩니다. 일회용품 사용 없이 얼리는 방법이 없을까 고민하다가 우유 팩과 솔잎을 사용하게 됐어요.
깨끗이 씻어서 말려 둔 우유 팩을 하나 꺼내어 자릅니다. 넓게 펼쳐서 자른 후, 부채 접듯이 접어서 사각 통에 고정합니다. 톱니 모양처럼 접힌 사이사이에 조기를 하나씩 떼어 내기 쉽게 끼워 놓고 뚜껑을 닫습니다. 남는 조기는 자르지 않은 우유 팩에 입이 아래로 가도록 다이빙 자

세로 넣고, 두 번째는 꼬리가 아래로 가도록 엇갈리게 넣습니다. 중간 크기로 5마리까지 담을 수 있어 빈 통이 없는 날 유용합니다. 얼어 버린 조기를 떼어 내기도 상대적으로 쉬워요. 이렇게 보관하면 생선이 달라붙는 것을 방지하는 데 쓰는 기름종이와 비닐 사용을 줄일 수 있답니다.

생선이 서로 달라붙지 않게 얼리는 또 다른 방법이 있습니다. 따 놓은 솔잎이 있으면 활용해 보세요. 보관할 통 바닥에 솔잎을 깔고 생선을 그 솔잎 위에 올립니다. 솔잎-생선-솔잎-생선의 차례로 쌓아 냉동실에 얼리면 먹을 때 떼어 내기 어렵지 않아요. 솔잎을 많이 덮을 필요는 없고, 볼록한 생선 배 위에 몇 가닥만 얹어도 분리가 잘됩니다. 생선에 달라붙은 솔잎은 굳이 제거하지 않아도 됩니다. 찌거나 구울 때 생선 비린내를 잡아 준답니다. 저는 이른 봄 연푸른 솔잎이 올라올 때쯤 선산에 가서 넉넉히 따 옵니다. 깨끗이 씻어 냉동실에 넣어 놓고 생선을 찌거나 구울 때 유용하게 사용합니다.

버리는 물건에 주목하라

_ 종이 박스와 햄버거 종이봉투 활용

좁은 다용도실을 정리했더니 다소 공간이 생겼습니다. 면적은 좁고, 높이는 여유가 있어 여기에 맞는 공간 박스나 작은 수납함을 놓고 싶어졌어요.

여유 공간이 생기니 다용도실에 보관할 물건이 생기면 바닥에 놓게 됩니다. 지저분하고 정돈되지 않은 그곳에 자꾸 시선이 가네요. 그러던 중 시골에서 양배추 한 박스를 보내 줬어요. 양배추를 이웃집에 나눠 주고 빈 박스를 버리려다 보니, 상당히 무겁고 튼튼해 잘 찌그러지지 않았어요. 그래서 그 공간에 박스를 툭 던져 놓고 바닥에 놓인 물건을 임시로 박스 위에 얹어 놨더니 그렇게 튼튼할 수가 없네요. '음, 뭐지? 너무 좋은데?' 하며 제법 나쁘지 않다는 느낌이 들었어요.

양배추 박스를 차곡차곡 정리하니 그렇게 찾던 공간 박스가 됐어요. 단층이라 높이가 아쉽긴 했지만, 나중에 빈 박스가 생기면 2~3층까지 올릴 수 있겠다는 생각이 들더군요. 아래 칸에는 된장이나 고추장 같은 무거운 식품을 넣고, 위에는 양파, 마늘, 감자가 담긴 햄버거 종이봉투를 올려 놨어요. 봄에 식재료가 늘어나면 그 위에 박스를 하나 더 얹어서 2층 수납함으로 만들어 볼 생각이에요. 수확 철이 되면 보관해야 할 식재료가 늘어나니까요. 가

을에는 배추와 무를 차곡차곡 쌓아 놔도 좋고, 봄에는 수확한 마늘과 양파를 보관해도 좋습니다.

채소 보관용으로 햄버거 종이봉투도 빠질 수 없지요. 요즘 물건을 사면 비닐봉지 대신 종이봉투에 물건을 담아 주는 곳이 많아졌습니다. 용기에 담긴 아이스크림을 사도 종이봉투에 담아주고, 화장품을 사도 종이봉투에 담아주더군요. 종이라 버리려니 아깝더라고요.

수많은 종이봉투 중에 햄버거 봉투가 가장 오랫동안 사용할 수 있었어요. 일반 종이봉투는 잘 찢어지지만, 햄버거 종이봉투는 잘 찢어지지 않고 여러 해 동안 반복 사용이 가능합니다. 그리고 구김이 좋아 입구를 접거나 돌돌 말아 높이를 낮춰 사용할 수도 있습니다. 반을 접어 냉장고 문 서랍에 놓고 껍질이 두꺼운 과일을 넣어 두면 쉽게 찾을 수 있어 좋아요.

종이봉투에 채소나 과일을 담아 입구를 여미지 말고 냉장고 야채

칸에 넣어 보관하면 아주 좋은 수납함이 됩니다. 사용하지 않을 때는 접으면 부피가 줄어 보관도 편리하지요. 플라스틱 수납함보다 사용과 보관이 편리한 장점이 있어요.

햄버거를 종이봉투에 넣어 오면 종이봉투 안에 햄버거 냄새가 배어 있어요. 그럴 땐 바로 접어서 서랍장에 넣지 말고, 햇볕에 놔 두거나 창가에 놓고 냄새를 뺀 후 사용하세요. 냄새가 공기 중에 증발하는 데 그리 오랜 시간이 걸리지 않습니다. 만약 기름이 묻어 있으면 햇볕에 말려 주면 됩니다.

Think

살림하다 보면 대체해서 사용할 수 있는 물건이 참 많습니다. 버려지는 물건의 쓸모를 찾으면 흐뭇함과 함께 살림 응용력이 업그레이드되기도 해요. 이럴 때 살림의 재미와 성취감은 배가되고 해를 거듭할수록 그 어렵고 힘든 살림이 쉽게 느껴지는 것 같아요. 값을 치른 좋은 물건을 찾아 잘 사용하는 기쁨보다, 버릴 뻔하거나 사용하지 않고 방치된 물건의 쓸모를 찾았을 때의 기쁨이 더 크답니다. 이런 살림 응용은 일회용품 사용을 줄일 뿐만 아니라 식재료 보관을 위해 구입하는 일회용품 소비도 줄일 수 있습니다. 일회용 비닐봉투에 채소를 보관하는 것보다 종이봉투에 보관했을 때 상해서 버리는 채소를 줄일 수 있답니다.

Zero Waste Tip

❶ 종이 박스 꾸미기

박스에 인쇄된 글씨가 현란해 지저분하게 보일 수 있어요. 이럴 때 버려지는 포장지가 있으면 박스에 붙여도 됩니다. 신문지를 붙여도 좋아요. 저는 낡아서 사용하지 않는 키친 크로스를 안에 붙이고, 길이가 짧아 부엌 창에 맞지 않은 탓에 놀고 있는 밸런스 천을 박스 위에 덮어 압정으로 고정시켰어요. 대형 스테이플러나 못총으로 고정하면 더 좋습니다.

❷ 햄버거 봉투 관리

냉장고에 들어갔다 나온 종이봉투는 바로 서랍장에 넣지 말고 햇볕에 말려 주세요. 봉투 안에 흙이 떨어져 있으면 탈탈 털어 내고, 습기로 눅눅해져 있으면 햇볕에 뽀송뽀송 말려 찢어질 때까지 사용할 수 있어요. 저는 몇 년째 사용 중인 햄버거 봉투가 아직도 있습니다. 사용할수록 빈티지한 감성이 더 짙어지네요.

❸ 냉장 보관 시 유의사항

햄버거 봉투에 채소를 담아 냉장고 야채칸에 보관할 때 입구를 봉하지 마세요. 아무리 종이봉투라도 입구를 막아 버리면 습기가 생깁니다. 채소도 숨을 쉰다는 걸 늘 염두에 두면 채소가 무르는 것을 미연에 방지할 수 있어요. 그래도 입구를 여미고 싶으면 바늘로 종이봉투에 작은 구멍을 여러 개 뚫어 주세요. 공기 길을 만들어야 습기가 차지 않습니다.

분리배출,
이보다 더 쉬울 순 없다

엄마, 힘들게 씻지 말고 햇볕에 툭 던져 놔

_ 빨개진 컵라면 용기, 손 안 대고 지우는 방법

바쁜 현대인들의 한 끼 식사 컵라면, 너무나 간편해서 별 수고로움 없이 한 끼 해결이 됩니다. 하지만 먹고 나면 해결해야 할 문제가 있습니다. 빨개진 컵라면 용기를 세척해서 분리배출 할 것인가? 아니면 그냥 구겨서 일반 쓰레기로 버릴 것인가?

우리나라 1인당 라면 소비량이 세계 1위라고 합니다. 많은 사람이 컵라면을 먹고 일반 쓰레기로 내보낸다면 버려지는 컵라면 용기가 상당할 겁니다. 하얀 스티로폼 컵라면 용기는 깨끗이 세척 후 분리배출만 잘하면 재활용률이 높습니다.

하지만 빨개진 컵라면 용기 세척은 너무 어렵습니다. 온갖 방법으로 씻어도 빨간 물이 잘 빠지지 않아 무척 힘이 듭니다. 뜨거운 물을 사용하면 보일러가 가동되고, 세제 사용으로 수질이 오염되고, 헹구기 위해 많은 물이 소비됩니다. 에너지 소비를 하면서까지 세척해서 분리배출 하는 게 과연 경제적일까? 그냥 쓰레기로 버리는 게 경제적일까? 고민하게 됩니다. 이 두 가지 고민이 해결될 방법이 있어 소개하려 합니다.

빨개진 컵라면 용기 이렇게 씻어 보고, 저렇게 씻어 봐도 지워지지 않아 스트레스를 받은 적 있지요? 지저분한 용기를 일반 쓰레기로 구겨 버리며 한 번쯤 마음이 불편했던 경험이 있을 겁니다. 저도 그랬습니다. 먹을 때는 참 좋은데 막상 씻으려면 스트레스예요. 매번 일반 쓰레기로 버리려니 죄책감도 들고 자연에 미안한 마음도 듭니다. 최대한 씻어 보려 애써 보지만 뒷일이 더 힘듭니다. 그래서 집에서 컵라면 먹는 일이 거의 없습니다. 주로 봉지 라면을 끓여 먹습니다.

그런데 어느 날 아주버님 댁에 다녀온 남편이 컵라면을 종류별로 받아 왔습니다. 먹을 사람이 없다며 다 가져가라며 싸 주셨던 거지요. 이날 우리 가족은 1인 1컵라면 파티를 했습니다. 후루룩 맛있게 먹고 여유롭게 식탁 위를 바라보니 붉은 컵라면 용기와 각종 비닐봉지가 남겨져 있었습니다. 일반 쓰레기로 구겨서 버리려니 쓰레기 산이 떠오르고, 깨끗이 씻으려고 하니 수세미가 기름 범벅이 될 것만 같았지요. 그래서 버리지 않고 놔둔 칫솔을 꺼내어 세제만 조금 묻혀 박박 문질렀습니다. 잘 지워지지 않아 분노의 칫솔질을 하며 한숨이 나왔습니다. "휴우, 잘 안 지워져서 설거지하기 너무 힘든데"라며 칫솔로 박박 문지르면서 투덜거렸더니 방에 있던 딸이 팁을 툭 던져 줍니다 . "엄마, 힘들게 씻지 말고 그냥 햇볕에 놔두면 지워져!" "응? 설마? 어떻게 그렇게 되냐?" 하고 물었더니 과학적인 원리에 의해 붉은색이 사라진다고 합니다. 그 말을 듣고 햇볕으로 빨개진 컵라면 용기 지우는 방법에 대해 SNS를 뒤졌지만 찾지 못했습니다.

그래서 반신반의하며 해가 드는 베란다 창가에 툭 던져 놨습니다. 이틀 뒤 청소하다 그 용기를 보고 깜짝 놀랐습니다. 빨개진 컵라면 용기가 하얗게 변해 있었던 겁니다. 믿기지 않아 순간 '딸이 나 몰래 씻어서 가져다 놓은 게 아닐까?' 하는 생각이 들었어요. 딸한테 물어보니 크게 웃으며 아니라고 하더군요. 혹시 용기에 물을 담으면 다시 붉어지는 것 아닐까? 그래서 용기에 물을 받아서 반나절 기다려 보니 별다른 변화는 없었습니다. 순간 머리에서 종이 울렸습니다. 이걸 왜 이제야 알았을까? 행주에 묻은 붉은 김칫국물도 햇볕에 말려 없애면서 왜 이 생각을 못 했을까? 정말 신기하고 이런 사실을 이제야 안 것에 아쉬움이 컸습니다. 나만 몰랐나? 그래서 여기저기 물어봤지만, 컵라면 용기를 햇볕에 놔두는 방법을 아는 사람은 없었습니다. 속으로 외쳤습니다. 유.레.카!

Think

요즘 세계적으로 일회용 용기 사용이 급증했습니다. 음식을 포장하거나 배달시켜 먹고 나면 남는 건 쓰레기 한 봉지! 세척과 분리만 잘해도 재활용이 가능한 일회용품들을 힘든 세척 때문에 쓰레기통에 그냥 버린 적 있나요? 저도 그랬어요. 집안일을 하는 분들은 자기와의 싸움이 될 거 같아요. 그냥 버려? 씻어? 악마가 유혹합니다. 하지만 늘어나는 쓰레기양을 생각하면 악마의 유혹을 뿌리쳐야 할 것 같더라고요. 살림은 자신만의 확고한 신념, 노력, 실천이 필요한 것 같습니다.

쓰레기가 탑처럼 쌓여 있는 광경을 보면 자연에 미안하기도 해요. 많이 늦었지만, 지금이라도 조금씩 일회용품 사용을 줄여야 할 때가 온 것 같아요. 경제가 살아나려면 소비도 필요합니다. 하지만 어떻게든 땅속으로 보내는 쓰레기를 줄이는 게 이 지구에 사는 인간으로서 작은 소임인 것 같아요.

Zero Waste Tip

❶ 빨개진 컵라면 용기, 손 안 대고 지우는 방법

컵라면을 맛있게 먹고 나서 국물은 배수구에 버린 후 1차로 물 세척을 합니다. 이물질 제거 후, 고추기름이 묻어 있는 컵라면 용기를 베란다 햇빛 있는 자리에 던져 놓습니다. 종이로 된 용기는 반나절이 지나면 빨간 기름이 일부 지워져 있는 것을 볼 수 있습니다. 하지만 스티로폼 용기는 종이 용기보다 시간이 두 배 더 걸립니다. 종이 용기는 하루, 스티로폼 용기는 이틀 정도 걸린다고 생각하면 됩니다(10월 가을 햇볕 기준*).

* 일조량과 계절에 따라 빨간 기름이 지워지는 정도가 상이합니다.

❷ 컵라면 용기 일광욕 방법

용기 전체가 골고루 햇빛을 받을 수 있게 고정해 두면 더 빨리 지워집니다. 직사광선에 노출된 면만 고추기름이 지워지고 그늘진 곳은 지워지지 않기 때문입니다. 한 면이 깨끗해지면 용기를 돌려가며 반대편도 햇빛에 노출시켜 줍니다.

Q. 과학적 원리가 무엇인가요?

고추의 붉은색을 내는 카로티노이드는 공기 중의 산소와 광선에 쉽게 산화됩니다. 그래서 햇빛에 노출되면 카로티노이드가 산화돼 색이 사라집니다. 김칫국물이 튄 흰옷을 햇빛에 놔두면 국물 자국이 사라지는 효과와 같습니다. 단, 고춧가루나 다른 이물질이 묻었을 경우 떼어 내거나 물로 씻어 낸 후 햇빛에 놔두는 것이 좋아요.

Q. 컵라면 용기에 묻어 있는 기름도 지워지나요?

아닙니다. 완전히 지워지지는 않고, 미끄러움이 일부 남아 있습니다. 햇볕에 의해 하얗게 된 컵라면 용기를 손으로 만져 보면 조금 미끄러움이 느껴집니다. 기름 잔여물은 따뜻한 물과 약간의 세제로 깨끗이 씻은 후 배출해야 재활용이 가능합니다. 빨개진 컵라면 용기를 세척하는 것보다 햇빛 소독 후 씻으면 훨씬 효율적입니다.

Q. 깨끗이 씻어서 배출해도 재활용되나요?

흰 스티로폼은 재활용이 됩니다. 기름기가 남아 있지 않게 깨끗이 세척 후 분리배출 하면 됩니다. 단, 세척 과정에서 기름 등의 이물질을 완전히 제거하지 않았거나 이물질이 많이 묻어 있으면 종량제 봉투에 넣어 배출하는 것이 좋습니다.

기름 범벅 배달 용기, 손쉬운 세척법

_ 햇빛 혹은 베이킹소다를 이용하라

유튜브에 '컵라면 용기 햇빛 세척' 영상을 올린 후 많은 분들한테 질문을 받았습니다.

"기름 범벅 플라스틱 배달 용기도 햇볕에 놔두면 지워지나요?"

컵라면 용기 세척보다 더 어려운 건 플라스틱 배달 용기입니다. 특히 찜닭과 감자탕을 먹고 나서 기름 범벅이 된 큰 플라스틱 용기를 종량제 봉투에 넣어 버릴 수도 없습니다. 그렇다고 재활용으로 배출할 수도 없습니다. 이물질이 듬뿍 묻은 플라스틱을 그대로 배출하면 안 되니까요.

여러분들은 배달 음식 맛있게 드시고 기름 범벅 플라스틱 용기 어떻게 처리하나요? 그럴 때는 컵라면 용기와 마찬가지로 힘들게 씻지 말고 햇볕에 툭 던져 놓으세요. 붉게 물든 용기도 햇볕에 툭 던져 놓고 시간이 지나면 하얀 용기로 변합니다. 손 안 대고 붉은 기름이 지워집니다. 가을빛이 들어오는 베란다에 놓고 지켜보니 꼬박 일주일이 걸리더군요. 물론 집의 방향과 층수 그리고 계절에 따라 기간은 상이합니다. 어떤 가정에서는 더 오래 걸릴 수도 있습니다.

햇빛 세척이 편리하고 좋지만, 그동안 냄새가 날 수도 있고 시간이 오래 걸리는 단점이 있습니다. 그래도 힘들게 설거지하는 것보다 베란다에 툭 던져놓으니 편하더라고요. 그래서 질문을 받은 많은 분들한테 기름 범벅 배달 용기를 힘들게 씻지 마시고 햇볕에 던져만 놓으라고 영상을 만들어 공유했습니다.

그랬더니 이번에는 집에 볕이 들지 않는 사람들은 이 방법을 알아도 활용할 수가 없다고 합니다. "반지하에 살아서 햇빛이 전혀 안 들어요" "집이 북향이라 햇빛 세척이 어려워요" "집에 베란다가 없어 햇빛 세척을 할 수가 없습니다" 등의 많은 댓글을 보고 정말 마음이 아팠습니다. 그래서 집에 볕이 들지 않는 분들을 위해 두 번째 방법을 공유했습니다.

집에 햇빛이 들지 않으면 뜨거운 물을 용기에 붓고 베이킹소다 두 스푼을 넣어 주세요. 위아래로 힘껏 흔들어 주면 고추기름이 지워집니다. 화학 주방 세제 대신 천연 베이킹소다를 사용하는 것은 물 오염을 줄일 수 있고, 거품이 나지 않아 물 절약도 할 수 있기 때문입니다. 그리고 흔들어 씻는 이유는 수세미로 지우는 효과를 내기 위해서입니다. 힘껏 흔들어 생기는 물의 마찰은 배달 용기의 홈과 뚜껑에 붙은 고추기름을 지웁니다. 수세미로 씻으면 수세미에 고추기름이 묻어 2차 세척을 해야만 하는 불상사가 생깁니다. 게다가 더 많은 세제와 뜨거운 물을 사용해야 해요. 이때 뚜껑을 조금 열고 흔들어야 용기 내부에 공기압이 차지 않습니다. 뜨거운 물은 조심해서 사용하세요.

먹고 씻고 배출하는 데 그리 오랜 시간이 걸리지 않으니 바쁜 현대인들에겐 이 방법이 가장 실용적이지 않을까 생각합니다.

Think

분리수거를 할 때 꼼꼼하게 세척 후 분리배출 하시는 분들도 있지만 이렇게까지 해야 하나 의구심을 갖는 분들도 꽤 많을 것입니다. 그리고 어차피 재활용도 안 되는데 헛수고라며 그냥 버리라는 분들도 상당히 많았습니다. 한편으론 세척을 하고 분리배출 해야 재활용률이 높아진다는 분도 있었고요. 플라스틱 배달 용기는 이물질이 없고 깨끗하면 재활용 배출이 가능합니다. 그리고 세척 분리만 잘해 줘도 재활용 분리수거장에서 일하시는 분들의 노고를 조금은 덜어드릴 수 있습니다. 약간 불편하고 힘들어도 분리배출을 해야 하는 이유가 아닐까 싶습니다.

가장 좋은 건 배달 음식 대신 건강한 집밥을 먹어 플라스틱 용기 사용을 줄이는 것이겠지요. 힘들게 세척할 일도 없을 거예요! 하지만 바쁜 현대에 어쩔 수 없이 일회용 포장 용기에 든 음식을 먹어야 하는 상황이 많습니다. 그럴 때 보이지 않는 곳에서 힘들게 일하시는 분들의 노고를 생각하여 꼭 청결히 배출하면 좋겠습니다. 어렵고 번거로운 일을 해낼 때 내 마음에 기쁨이 제일 먼저 찾아옵니다. 분리배출이 하찮고 귀찮은 일 같지만 살림에서 가장 기본이며 중요한 부분이 아닐까 합니다.

Zero Waste Tip

❶ 붉은 기름이 하얀 기름으로 변했을 때

기름 범벅 배달 용기를 물로 가볍게 흔들어 씻은 후 햇빛에 툭 던져 놓으세요. 이때 미지근한 물이면 더 좋습니다. 일정한 시간이 지나면 붉은 용기가 하얗게 변해 있습니다. 하지만 햇빛에 의해 붉은색이 사라져도 기름은 남아 있습니다. 이때 베이킹소다 한 스푼과 미지근한 물을 용기의 3분의 1만 채워 아래위로 가볍게 흔듭니다. 꼭 기름기를 깨끗이 제거한 후 재활용으로 분리배출 해야 합니다. 그래야 재활용률이 높아져요.

❷ 냄새와 벌레

가벼운 물 세척 없이 그대로 햇빛에 놔두면 용기에 밴 음식 냄새가 날 수 있습니다. 이럴 때는 창문을 열어 놓거나 음식 냄새가 밴 용기를 가볍게 물로 한 번 헹군 후 햇빛에 놔두면 좋습니다. 그러면 냄새가 나지 않고 벌레도 꼬이지 않아요.

경험이 알려 준 스티커 제거 방법

_ 요령만 알면 간단해요

우리가 생활하면서 먹고 입고 사용하는 거의 모든 물건에 스티커가 붙어 있습니다. 심지어 과일 하나에도 생산지가 적힌 스티커가 붙어 있어요. 물로 씻기 전에 하나하나 스티커를 떼어 낼 때마다 '이걸 왜 붙일까?' 하는 생각이 들었어요. 저는 표면에 붙은 스티커를 보고 과일을 고르지 않습니다. 대부분 과일의 상태를 보고 구매 결정을 합니다. 그래서 떼어 낸 순간 쓰레기통으로 보내는 스티커가 반갑지 않더라고요.

시골 부모님 댁에 가면 흔히 볼 수 있는 게 있습니다. 떼려야 뗄 수 없는 스티커 때문에 그냥 붙인 상태로 사용하는 제품이나 식기류가 바로 그것이지요. 제가 "엄마, 쟁반 뒤에 스티커 왜 안 뗐어?"라고 물으면 엄마는 늘 당신 탓으로 돌립니다. "내가 손아귀 힘이 약한지 아무리 떼어도 잘 안 된다." 손톱으로 박박 긁은 흔적도 보입니다. 오랜 세월 동안 빛이 바래서 누렇게 된 스티커도 보입니다. 그리고 찰싹 붙은 스티커를 철 수세미로 밀었는지 종이는 보이지 않고 끈끈한 접착 성분만 남아 있기도 합니다.

제가 그 끈끈한 흔적에 식용유 한 방울을 묻혀 천으로 닦아서 보여드렸더니 엄마는 "이렇게 쉽게 지워지는 걸 그동안 모르고 살았네"라고 하십니다. 저도 살림 초보 시절 스티커 떼어 내는 게 두려워 붙여놓고 사용한 양념 병이 있었지요. 잘못 떼어 내면 끈적임이 남아 불편하더군요. 그래서 그 끈끈한 부분에 휴지를 붙여 사용한 적도 있었어요. 나머지 병은 스티커를 제거하지 않고 사용했던 기억이 납니다.

모르는 게 많던 시절, 살림이 참 어렵고 힘들었습니다. 그러나 모르는 것을 알게 되고 요령이 생기니 어렵던 살림살이가 재밌어지기 시작했어요. 재활용 분리배출도 마냥 어렵기만 한 건 아닙니다. 물론 번거롭겠지만, 가끔 재미와 희열을 느낄 때도 있습니다.

하지만 떼려야 떼어지지 않는 스티커를 만나면 상황은 달라집니다. 특히 투명 플라스틱 통에 든 과일 몇 개를 먹고 나면 뚜껑에 붙어 있는 스티커 제거가 만만치 않습니다. 매번 사투를 벌입니다.

어느 날 드라이기를 사용해 녹여 보니 스티커는 녹지 않고 플라스틱만 뜨거운 열에 의해 쭈글쭈글해지고 말았습니다. 씩씩거리며 가위로 스티커 부분을 플라스틱과 함께 오렸습니다. 잘린 부분은 일반 쓰레기로 버리고 구멍 난 플라스틱 통은 분리배출 했지요.

그 후 플라스틱 통에 든 과일 구매를 자제하고 있습니다. 하지만 가끔 자두와 천도복숭아의 맛있는 자태를 보고 이성을 잃기도 합니다. 신맛을 상상하며 군침 한 번 삼키는 순간, 플라스틱과 스티커의 고충은 안중에도 없는 듯 장바구니에 쏙 넣습니다. 문제는 마트만 가면 선택의 여지가 없다는 점입니다. 비닐봉지, 플라스틱 통, 스티로폼, 종이 상자, 이 네 가지 포장 중에 골라 담아야 합니다. 선택의 폭이 넓지 않아 어쩔 수 없이 무언가는 꼭 배출하게 되지요.

비닐봉지에 붙은 가격표 스티커는 떼는 순간 비닐이 찢어지기 일쑤랍니다. 그래서 처음부터 가위로 그 부분만 오려서 일반 쓰레기로 버립니다. 스트레스를 차단하는 저만의 방법이지요. 저처럼 스티커 제거를 위해 사투를 벌여 본 분들은 자기만의 경험을 갖고 있을 거예요. 어떤 것은 식용유로 닦으니 잘 닦이더라, 어떤 스티커는 드라이기 열만으로 깨끗이 떼어지더라. 그래서 많은 사람들의 경험을 모아서 정리해 봤습니다. 다양한 방법을 참고하여 스트레스 없이 재활용 분리배출 하는 데 작은 도움이 되면 좋겠습니다.

Think

경험이 쌓이면 '잘 떨어질 것이다. 쉽게 떨어지지 않을 것이다'를 스티커만 봐도 알 수 있습니다. 스티커의 성향이 파악되면 드라이기를 사용할 것인지 아니면 식용유를 사용할 것인지 선택해서 알맞은 방법으로 활용하면 됩니다. 다양한 방법을 알고 있으면 상황에 맞게 활용할 수 있어 스트레스를 줄일 수 있어요.

재활용 분리배출은 번거롭고 귀찮습니다. 하지만 요령을 익히고 쉬운 방법을 찾으면 그렇게 어렵지 않습니다. 스티커를 하나씩 떼어 내는 재미를 느끼면 어느 틈에 벌써 좋은 습관이 돼 시간도 노력도 아깝지 않다는 것을 깨닫게 됩니다. 우리 가정에서 먹고 버려지는 엄청난 양의 쓰레기가 진정 쓰레기가 될 것인지 아니면 자원이 될 것인지는 내 손에 달려 있습니다.

Zero Waste Tip

❶ 빈 식용유 통 기름 세척 및 스티커 제거

플라스틱으로 된 식용유 통은 입구가 좁아 깨끗이 씻어서 배출하는 게 쉽지 않습니다. 그리고 겉면에 크게 붙여진 스티커가 어떤 건 잘 떼어지지만 어떤 건 손톱으로 열심히 긁어 봐도 끄떡도 하지 않을 만큼 접착력이 강합니다. 이럴 때 뜨거운 물에 베이킹소다 1T를 넣고 녹인 후 식용유 통에 3분의 1 정도 채웁니다. 스티커가 있는 면이 바닥을 향하게 눕혀 놓으면 뜨거운 물에 의해 스티커 접착 성분이 약해집니다. 많은 시간도 필요하지 않습니다. 1분 뒤 스티커를 떼어 내면 아주 부드럽게 떨어집니다.

반대 방향도 같은 방법으로 해 줍니다. 양면에 붙은 스티커를 제거했으면 빈 통을 힘껏 흔들어 줍니다. 이때 뚜껑을 열고 흔들어야 합니다. 뜨거운 공기압에 통이 팽창할 수 있기 때문이지요. 베이킹소다와 뜨거운 물은 기름 제거에 탁월합니다. 이렇게 흔든 후 헹궈서 분리배출 하면 됩니다.

❷ 유리병 스티커 제거

음식이나 식품이 담겨 있는 튼튼한 유리병은 집에서 활용할 일이 참 많습니다. 상표 스티커를 제거하고 재사용하면 따로 유리병을 구매하지 않아도 되더라고요. 작든 크든 상관없이 버리지 않고 잘 활용하고 있습니다. 유리병에 담긴 식품을 다 먹은 후, 냄비에 차가운 물을 넣고 병을 함께 넣어줍니다. 5~10분가량 팔팔 끓여준 후 병을 조심스럽게 꺼냅니다. 뜨거워진 병에 붙은 스티커는 살짝만 건드려도 잘 떨어집니다. 만약 일부분에 끈적임이 남아 있으면 뜨거운 물을 행주에 묻혀 닦아 주면 됩니다.

❸ 식품 팩 스티커 제거

1+1 행사 상품은 늘 기다란 스티커로 칭칭 감겨 있습니다. 좋아하는 냉동 만두 하나를 사면 하나를 더 준다는데 마다할 이유가 없습니다. 하지만 만두가 든 식품 비닐에 스티커가 감겨 있어 분리배출 할 때 어지간히 신경이 쓰입니다. 도톰하고 두꺼운 식품 비닐은 간단한 물 세척 후에 어느 정도 물기를 말려 비닐류로 배출할 수 있기 때문에 반드시 스티커를 떼고 배출하려고 노력합니다.

스티커가 붙어 있으면 재활용률이 떨어져서 일반 쓰레기로 보내야 하지요. 만두를 다 먹은 후 스티커를 제거하기 위해 드라이기 열을 이용해도 됩니다. 저는 가끔 바쁠 때 보온 상태에 있는 전기밥솥 위에 스티커가 붙은 식품 비닐을 얹어놓고 접시로 지그시 눌러 놓습니다. 한참 뒤에 떼어 내면 잘 떨어지는 경우가 있습니다. 하지만 너무 강력한 접착으로 잘 떨어지지 않을 것 같으면 가위로 스티커 면적을 오려 냅니다. 나머지 비닐은 비닐류로 보내고 자른 스티커는 일반 쓰레기로 보냅니다. 끙끙거리며 스트레스 받는 것보다 반반 타협으로 최대한 쓰레기를 줄이려는 노력을 합니다.

❹ 화장품 용기와 샴푸 통에 붙은 스티커 제거

화장품 공병에 붙은 스티커는 손으로 뜯어 보고 너무 강력하게 붙어 있으면 미지근한 물에 담가 놓습니다. 뜨거운 물에 담그면 병에 균열이 생길 수 있기 때문입니다. 10분 뒤 손으로 스티커를 제거한 후에도 끈적임이 남아 있으면 식용유 한 방울을 묻혀 닦아 줍니다.

또 다른 스티커 제거법으로, 유효 기한 지난 선크림을 스티커 면적에 넉넉히 도포하는 방법이 있습니다. 10분 뒤 동전으로 스티커를 긁어냅니다. 마무리로 식용유 한 방울을 묻혀 깨끗이 닦아 내면 끈적임을 제거할 수 있습니다.

샴푸 통의 스티커 제거는 식용유 병 방법과 같습니다. 샴푸 통의 펌프에는 스프링이 들어 있어 일반 쓰레기로 버려야 합니다. 스프링은 사람 손으로 분리할 수 없는 구조로 설계돼 있기 때문입니다. 펌프는 일반 쓰레기, 빈 통은 재활용 배출을 합니다.

PVC 랩, 잘 버려야 하는 이유

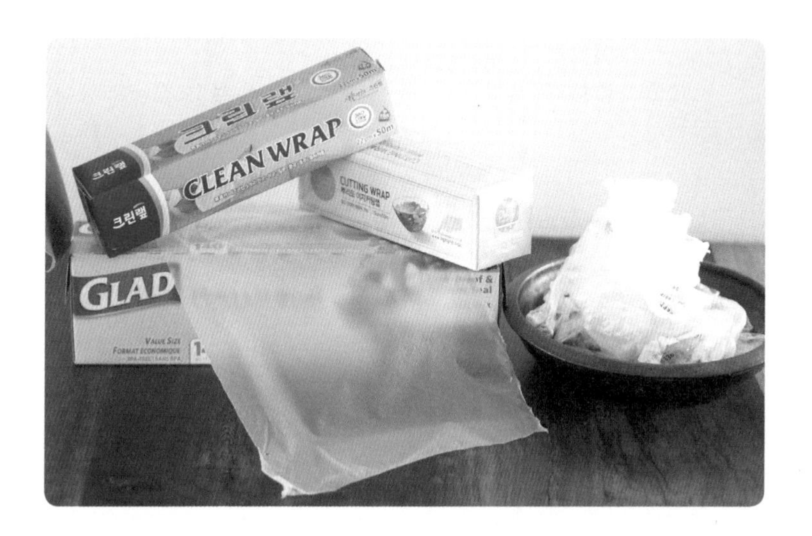

수많은 식품을 에워싸고 있는 비닐 랩은 PVC 랩입니다. 업소용 랩이라 부르지요. PVC는 폴리염화비닐이라고 하는데, 플라스틱 재질 중에 PVC 비닐은 품질이 나쁘기로 유명합니다. 2019년 12월 25일부터 재활용이 어렵고 인체에 유해한 PVC 포장재 사용이 금지돼 있지만 잘 늘어나는 성질 때문에 사용을 멈추지 않고 있습니다.

소비자는 PVC 랩의 심각성을 모른 채 일상생활에서 당연하게 받아들이고 살아가고 있습니다. 최대한 적게 사용해야 하지만 마트에 가면 선택의 폭이 제한적이라 어쩔 수 없이 PVC 랩에 포장된 식품이나 음식을 살 수밖에 없는 현실이 안타깝습니다.

PVC 랩에 포장된 식품이 증가할수록 환경오염이 더 심각해집니다. PVC 랩은 재활용이 어려워 아무리 깨끗해도 꼭 일반 쓰레기로 배출해야 합니다. 이렇게 일반 쓰레기로 버려진 수많은 업소용 PVC 랩을 소각하면 염산 등 치명적인 유해 가스가 발생합니다. 이런 유해 성분을 제거하기 위해 매우 복잡한 공정 과정을 거친다고 해요. 소각하면 염산과 유해 가스를 배출하고, 땅에 매립하면 썩는 데 100년 이상 걸립니다. 사람과 자연에 유해한 PVC 랩, 골칫덩어리가 아닐 수 없습니다.

1
PVC 랩 사용 줄이는 방법

PVC 랩은 지저분하든 깨끗하든 상관없이 무조건 일반 쓰레기로 버려야 합니다. 이렇게 심각한 현재 상황에서 우리가 당장 할 수 있는 건 가급적 PVC 랩에 이중 삼중으로 돌돌 말린 식품을 사지 않는 일입니다. 또한 대형 마트 대신 전통시장 이용 횟수를 점차 늘리면 PVC 랩 배출을 줄일 수 있습니다. 요즘 마트에 가보면 포장되지 않은 식품이 없을 정도입니다. 하지만 전통시장에 가면 과일이나 채소를 상자나 바구니에 담아 놓고 판매하는 곳이 많습니다. 직접 골라 담을 수 있어 선택의 폭이 넓어요. 전통시장에서 장 보는 날은 마트에서 장을 보는 날보다 쓰레기 배출이 월등히 줄어듭니다.

2
가정용 PE 랩

업소에서 많이 사용하는 랩은 PVC 랩이라 했습니다. 그러면 가정에서 사용하는 랩은 어떤 것일까요? 가정에서 사용하는 랩은 PE 랩이라 합니다. PE 랩은 PVC 랩보다 안전하며 재활용이 가능합니다. 실제 PE 랩은 재활용 가능 품목에 해당합니다. 그렇다고 고기 기름이나 이물질이 묻은 PE 랩을 재활용 배출해도 된다는 것은 아닙니다. 아무리 재활용 가능한 품목이라도 이물질이 묻은 PE 랩은 꼭 일반 쓰레기로 버려야 합니다. 다른 플라스틱 재활용까지 방해하게 되니까요.

3
친환경 PE 랩

일반 PE 랩보다 가격이 비싼 친환경 PE 랩도 있습니다. 접착력이 좋아 여러 번 재사용도 가능합니다. FDA 인증을 받은 추잉 껌 성분으로 접착력이 우수하고 식품이 랩에 닿아도 유해하지 않은 장점이 있습니다. 하지만 가격이 비싸고 투명하지 않아 음식이 보이지 않는다는 단점이 있습니다. 그리고 아무리 친환경 제품이어도 뜨거운 음식을 포장하거나 전자레인지에 넣어서 데우는 것은 자제해야 합니다. 차가운 식품을 포장할 때는 괜찮지만 뜨거운 음식을 포장하는 것은 권하지 않습니다.

음식이나 식품을 보관할 때 용기를 사용하는 게 가장 안전합니다. 그리고 랩이 아주 필요할 때 조금씩 사용하면 더 좋겠지요? 아무리 친환경 제품이어도 지나치게 사용하면 사람과 자연에 해가 됩니다. 정말로 필요한 곳에 적당히 사용하는 습관을 들이면 쓰레기도 줄이고 소비도 줄일 수 있답니다. 그리고 조금 불편하지만 빈 용기를 들고 동네 정육점에서 고기를 사고, 전통시장에 가서 포장되지 않은 과일을 장바구니에 직접 넣어 오는 방법도 있습니다. 약간의 불편함이 사람과 자연을 이롭게 하니까요. 사람과 자연에 유해한 업소용 PVC 랩! 깨끗하든 지저분하든 상관없이 모두 일반 쓰레기로 버려주세요. 당장 우리가 할 수 있는 최선입니다.

Part 2.

우아한 궁상

세상에 버릴 게 하나 없더라

텃밭에 씨앗이라도 뿌려 놓은 듯 여기저기에 씀바귀가 올라와 있습니다. 잡초라 뽑아서 버리려고 하니 양이 많아서 가져왔어요. 삶아서 된장에 무쳐 내니 딱 한 접시가 됩니다. 쌉싸름한 맛이 입맛을 돋우네요. 저녁 밥상에 올리면서 남편에게 "오늘 식비 3,000원 굳었네. 뽑아서 버렸으면 거름이 됐을 텐데 가져왔더니 반찬이 됐어" 하고 웃으며 생활비를 아꼈다고 신나게 말하는데, 오래전에 돌아가신 아버지 생각이 났습니다.

풀 한 포기 뽑는 것도, 내 집 앞의 마당을 쓰는 일도 공부라고 말씀하셨던 기억이 납니다. 굴러다니는 돌멩이도 쓰임이 있고, 잡초도 다 쓰임이 있으니 세상에 버릴 게 하나 없다고 늘 말씀하셨습니다. 밥 한 톨 흘림에 마음 아파하고, 뭐든 아까워해야 쉽게 사고 버리는 습관이 생기지 않는다고 하셨습니다. 어린 시절 그저 잔소리로 들렸던 말씀들이 아버지의 나이가 돼 보니 그 깊은 의미를 알 것 같습니다.

만물을 소중히 여기는 단단한 마음가짐이 바로 서면, 쉽게 버리는 물건이 줄어들고 버리는 먹거리를 최소화할 수 있습니다. 그리고 새 물건을 들일 때 신중하게 선택하면 변심이 적습니다. 유행과 변심은 쓰레기를 남기니까요.

살림하다 보면 적재적소에 필요한 물건이 참 많습니다. 인터넷 선 정리에도 케이블 타이가 필요하고, 이불 정리에도 정리함이 필요합니다. 곧 소비할 곡류를 보관하려 해도 용기가 필요합니다. 선풍기 같은 계절성 가전제품은 여름 한 철 두세 달 사용하고 열 달 가까이 보관만 하는데도, 이를 보관하기 위해 물건을 사게 됩니다.

우리는 보관과 정리를 위해 많은 소비를 하게 됩니다. 당연하게 물건을 사고, 당연하게 멀쩡한 물건을 쉽게 버립니다. 집 어딘가에 그 물건이 있는데 찾지 못해 다시 사는 경우는 정말 안타깝습니다. 저도 그랬습니다. 살림이 서툴 때 그런 적이 많았습니다.

그래서 많은 수납 용품을 사지 않아도 정리가 되고 보관이 되는 방법을 소개하려고 합니다. 등잔 밑이 어둡다고 하지요? 정말 필요한 물건은 집 안에 있었습니다. 버리면 쓰레기가 되지만 적재적소에 잘 활용하면 보물이 됩니다. 하나씩 실천하다 보면 어느 날 감탄을 하기도 합니다. “유레카! 세상에 버릴 게 하나 없구나!”라고요.

활용하면 보물 버리면 쓰레기,

요즘 과자 봉지 참 잘 만드네

_ 냄새 없는 음식물 쓰레기 처리 비밀

더운 날 음식물 쓰레기는 늘 골칫거리예요. 득실거리는 초파리와 음식물 쓰레기통에서 올라오는 악취로 청결해야 할 집이 비위생적인 환경에 노출됩니다. 음식물 쓰레기를 버리러 나가다가 밀폐된 엘리베이터 안에서 이웃을 만나면 악취 때문에 참 민망하지요. 미안한 마음에 쓰레기통을 몸 뒤로 숨기지만 소용이 없습니다. 냄새는 숨긴다고 숨겨지는 게 아니니까요. 매일 냄새와 초파리로 전쟁을 치르다 보면 가족 간의 화합에 금이 가기도 합니다. 서로가 서로에게 버리기를 미루니까요.

그러던 어느 날 플라스틱 음식물 쓰레기통에 금이 가기 시작하더니 결국 깨졌어요. 하지만 당장 교체하지 않고, 좀 더 신중하게 고르고 싶었어요. 더 나은 음식물 쓰레기통을 찾을 때까지 기다렸지요. 그사이 발생하는 음식물 쓰레기는 임시로 검정 비닐에 담아두고 있었어요. 결국 구멍 난 비닐에서 농익은 액체가 흘러 다용도실 바닥을 흥건하게 적시는 바람에 악취와 벌레가 생겼어요. 이럴 때마다 살림이 참 힘들고 싫어지기도 해요. 특히 한여름만 되면 냄새와 벌레로 삶의 질이 저하됩니다. '실패는 성공의 어머니'라고 하지요? 이 지독한 경험 덕분에 냄새나지 않고 벌레가 꼬이지 않게 음식물 쓰레기를 보관하는 방법을 찾을 수 있었습니다.

어느 날 저녁, 남편과 대형 지퍼백에 든 새우 과자를 안주 삼아 맥주를 마시고 있었어요. 저희 부부는 새우 과자와 함께 커서 그런지 유달리 이 과자를 좋아합니다. 남편이 태어나던 해에 이 과자가 탄생했고, 제가 태어나던 해에 초코 파이가 탄생했어요. 함께한 세월이 깊어서 그런지 그 시절을 떠올리며 지금도 새우 과자와 초코 파이를 즐기고 있어요. 양껏 먹어 보지 못한 것에 대한 보상 심리 같기도 해요.

"일곱 살에 100원을 들고 새우 과자 사러 전방(廛房)으로 뛰어가다 넘어져 돈을 잃어버리고 울었어. 100원 주면 20원 거스름돈을 받았는데 국민학교에 입학하니 거스름돈을 주지 않더라. 값이 20원이나 올라 더 아껴 먹어야만 했어. 그래서 새우 과자 봉지 입구를 오늘처럼 열어 놓고 마음 편히 먹을 수가 없었지! 언니 오빠들이 득달같이 달려들어 다 뺏어 먹으니까."

그 시절 간식이었던 새우 과자를 지금은 술안주나 대화의 소재로 삼아 배고픈 어린 날의 추억을 이야기하며 맥주와 함께 마시다 보면, 어느새 빈 봉투만 남게 됩니다.

빈 과자 봉지를 물끄러미 바라보니 빵빵한 질소 과자의 원리가 떠올랐어요. 요즘 과자 봉지는 과자 대신 질소만 들어 있다는 비아냥에 이런 생각이 들었어요. '얼마나 과자 봉지를 튼튼하게 잘 만들었으면 질소가 빠져나가지 않고 오랫동안 갇혀 있지?' 지퍼를 열었다가 닫으며 '공기가 안 통할 만큼 지퍼가 튼튼한가?' 그럼 음식물 쓰레기를 넣어 두면 공기가 안 통하니 냄새가 새어 나오지 않겠다는 생각이 들어 사용해 보고 싶었어요.

Think

음식물 쓰레기 봉투를 과자 지퍼백으로 대체해서 사용한 이후, 냄새와 벌레로부터 자유로워지니 구매해야 할 음식물 쓰레기통을 사지 않게 됐습니다.

그만큼 만족도가 높았습니다. 냄새가 나지 않아 엘리베이터 안에서 이웃을 만나도 민망하지 않았고, 비 오는 날이나 게으르고 싶은 날 음식물 쓰레기를 바로 배출하지 않아도 되는 여유가 생겼습니다. 대신 엘리베이터 안에서 어린아이들을 만나면 미안한 마음과 민망한 마음이 생겨요. 배 불룩한 새우 과자 큰 봉지를 품에 안고 있는 욕심 많은 어른처럼 보일 때가 있답니다. 아이가 과자 봉지를 뚫어지게 바라봐도 하나 꺼내어 나눠 먹을 수 없는 현실이 민망할 때가 있습니다. "이거 과자 아니야!" 하고 주기 싫어 핑계 대는 어른처럼 말이지요.

Zero Waste Tip

❶ 오랫동안 보관해도 냄새와 벌레가 생기지 않아요

구멍 난 검정 비닐에 든 음식물 찌꺼기를 과자 지퍼백에 넣고 지퍼를 닫았더니 냄새가 새어 나오지 않았어요. 다음 날도, 그다음 날도 냄새가 새어 나오지 않았으며 벌레도 생기지 않았어요. 너무 신기해서 과자 지퍼백에 음식물 쓰레기가 꽉 찼을 때 배출하지 않고 한 달 동안 실온에 두고 실험해 봤어요. 과연 어땠을까요?

냄새는 전혀 새어 나오지 않았으며, 날벌레도 보이지 않았습니다. 하지만 과자 지퍼백에 가스가 조금씩 차더니 봉투가 팽창되는 현상은 있었습니다. 과자 지퍼백이 팽창하면 입구를 조금 열고 가스를 배출시키면서 한 달 동안 지켜봤습니다. 물론 입구를 열면 냄새는 납니다.

그 결과, 테스트 기간 한 달 동안 한여름에도 냄새가 올라오지 않았으며 벌레도 생기지 않았어요. 단, 날이 더워 지퍼를 열면 지독한 냄새를 맡을 수 있었습니다. 하지만 한겨울에는 추운 날씨 덕에 지퍼를 열어도 여름만큼 지독한 냄새는 나지 않습니다.

❷ 과자 지퍼백, 어떻게 관리하나요?

입구가 큰 대형 과자 지퍼백은 음식물 찌꺼기를 넣을 때도 좋지만 아파트 공동 음식물 쓰레기통에 배출할 때도 편리합니다. 내부 코팅이 돼 있어 찌꺼기가 매끄럽게 쏟아지며 음식물 쓰레기통처럼 이물질이 끼는 일이 발생하지 않아요. 그리고 지퍼가 고장 날 때까지 재사용이 가능합니다. 물로 흔들어 씻으면 쉽게 씻겨져 음식물 쓰레기통보다 관리가 수월합니다.

한여름에는 지퍼백 내부에 냄새가 심하게 날 수 있어요. 그럴 때 베이킹소다 1T를 넣고 흔든 후 잠시 놔두면 냄새가 제거됩니다. 입구를 열고 창가에 둬서 습기를 뽀송뽀송 말린 후에 재사용합니다. 오랜 사용으로 지퍼가 고장 나면 같은 방법으로 세척해서 비닐류로 분리배출 하면 됩니다.

❸ 음식물 쓰레기 종량제 봉투를 사용하는 분들은 이렇게 활용하세요

음식물 쓰레기 종량제 봉투는 과자 지퍼백보다 크기가 작으니 통째로 과자 지퍼백에 넣고 사용하면 좋습니다. 종량제 봉투의 손잡이와 묶음 날개를 과자 지퍼백 내부에 테이프로 고정한 후, 음식물 찌꺼기가 생길 때마다 지퍼를 여닫으면 편리해요. 꽉 차면 종량제 봉투만 쏙 빼내어 배출하면 됩니다. 물론, 과자 지퍼백 내부에 역한 냄새가 숨어 있을 수 있으니 그때는 위의 방법으로 씻어 위생적으로 관리합니다.

❹ 냄새나는 쓰레기도 보관이 가능합니다

생선 대가리와 뼈, 딱딱한 과일 씨앗, 두꺼운 과일 껍질, 고기 뼈 등은 음식물 쓰레기가 아닙니다. 일반 쓰레기로 버려야 하는데, 이는 한여름 초파리의 온상이 되기도 합니다. 고온 다습한 날, 생선 썩는 냄새는 음식물 쓰레기통의 냄새보다 더 심한 악취를 내뿜지요.

채워도, 채워도 채워지지 않는 종량제 봉투가 꽉 차길 기다리다가는 악취에 질식할 것만 같습니다. 그래서 악취가 심한 날은 종량제 봉투가 절반도 차지 않았는데 내다 버리는 일이 발생합니다. 음식물 쓰레기를 냉동실에 보관하는 분들의 심정이 이해되더군요.

생선 대가리나 뼈 종류는 손바닥 크기의 작은 과자 지퍼백을 활용하면 악취와 벌레가 생기지 않아요. 일반 종량제 봉투가 찰 때까지 냄새와 벌레 없이 지낼 수 있어 좋습니다.

명예로운 쓰레기가 된다는 것

_ 코팅 전단지와 떼어 낸 스티커 활용

어느 날 친구 집에 갔더니 전단지로 접은 종이 상자를 꺼내 가져가서 사용하라고 합니다. 생선이나 고기를 먹을 때 뼈 담는 접시 대신 종이 상자를 식탁 위에 올려놓고 뼈를 담아서 버리라고요. 코팅된 종이라 튼튼하고 신문지보다 기름이 덜 묻어나서 좋다고 하네요.

집에 가져와서 사용해 보니 뼈를 감싸서 버릴 검정 비닐봉지를 사용하지 않게 돼 좋았습니다. 종량제 봉투에 뼈를 그냥 버리면 냄새와 벌레가 생기고, 뼈가 드러나 미관상 보기 싫었는데 여기에 감싸서 버리니 투명한 종량제 봉투 밖으로 뼈를 감출 수 있어 좋았습니다.

그리고 쓸모없는 전단지로 상자를 접어서 사용해 보니 일단 재미

있습니다. 생선 먹을 때 식탁 위에 접시 대신 올렸더니 가족들의 반응도 뜨거웠습니다. 귀엽다며 웃기도 하고 신기해합니다. 저는 식탁 위에 올려 두고 사용할 때마다 매우 만족하며 뿌듯해합니다. 이런 발상의 전환이 살림을 참 재미있게 만드는구나! 상자를 펼칠 때마다 친구의 얼굴이 제 마음속에 펼쳐집니다. 고마운 마음과 함께요.

코팅 전단지는 신문 사이에 많이 들어 있습니다. 집마다 현관문에 많이 붙어 있기도 하지요. 길거리에서 홍보물로 나눠 주기도 합니다. 시내에 나가면 바닥에 나뒹구는 전단지를 흔히 볼 수 있습니다. 발에 밟히는 전단지를 보면 종이 상자가 생각납니다. 그래서 홍보물을 받으면 거리에 버리지 않고 가방에 넣어 왔던 기억이 납니다.

그러나 지금은 찾아보기 어렵습니다. 코로나 19 이후 코팅된 전단지도 자취를 감춰 버렸습니다. 외출 후에 집으로 돌아오면 번호키를 누르기 전 현관문에 부착된 전단지부터 떼어 내는 게 일이었는데요. 요즘은 문 앞에서 펄럭이는 전단지가 자취를 감추어 아쉬운 마음이 들기도 합니다.

Think

못쓰게 된 종이로 아이들과 함께 놀이처럼 상자를 접어 보세요. 공자가 이런 말을 했습니다.

"나에게 무언가를 가르쳐주면 잊어버릴 것이다. 나에게 무언가를 보여주면 기억에 남을지도 모르겠다. 하지만 나에게 무언가를 하게 만들면 그것은 기억할 것이다."

아이들 손으로 직접 체험하게 해 주세요. 쓸모없는 스티커를 가지고 놀이처럼 재활용 교육을 할 수 있습니다. 아이가 먹은 주스 병에 붙은 스티커는 생활에 활용하고, 주스 병은 분리배출 하는 과정을 가르치는 데 놀이처럼 활용해 보세요. 올바른 분리배출을 해야 하는 이유를 알려 주고 버려지는 쓰레기도 많은 곳에 쓰임이 있음을 경험하게 해 주세요.

생활 속 재활용 교육은 물질 만능 시대에 살아가는 우리 아이들에게 꼭 필요합니다. 어릴 적부터 경험한 올바른 생활 습관은 아이에게 단단하고 야무진 의식을 가지게 할 수 있습니다. 필환경 시대는 우리 아이들이 살아갈 미래니까요.

말로 하는 가르침보다 몸소 체험하게 하는 가르침이 더 오래 남을 것입니다.

Zero Waste Tip

❶ 코팅된 전단지는 재활용이 안 됩니다

얇은 비닐로 코팅이 된 전단지는 일반 쓰레기로 버려야 합니다. 만졌을 때 매끄럽거나 사물이 반질반질 비치면 코팅된 종이라 할 수 있습니다. 구분이 애매모호할 때는 찢어 보면 알 수 있습니다. 찢으면 얇은 비닐 막이 벗겨져요. 물을 흡수하면 종이, 또르르 물이 굴러다니면 코팅된 종이라고 구분할 수 있어요.

❷ 딱딱한 뼈 종류는 음식물 쓰레기가 아닙니다

생선, 고기 뼈와 딱딱한 과일 씨앗 등이 그러합니다. 그래서 쓸모없는 코팅 전단지에 뼈 종류를 감싸서 일반 쓰레기로 버리면 좋습니다. 뼈 등을 일반 쓰레기봉투에 그냥 넣어서 배출하면 길고양이들의 표적이 된다고 해요. 냄새를 맡고 쓰레기봉투를 찢거나, 딱딱한 뼈를 먹는 과정에서 고양이가 다칠 수 있다고 합니다. 조금 성가시더라도 이런 냄새나는 쓰레기를 배출할 때 신문지나 전단지에 꽁꽁 동여매어 배출하면 위험한 상황을 초래하는 일이 없게 됩니다.

❸ 떼어 낸 스티커로 종이 상자를 테이핑하자

종이 상자에 뼈를 담고 쓸모가 없게 된 스티커로 상자 입구를 붙이면 냄새 차단이 됩니다. 특히 식용유 병에서 떼어 낸 스티커는 면적이 넓어 종이 상자 전체를 테이핑할 수 있어 좋습니다. 여기서 쓸모가 없게 된 스티커는 다 쓴 플라스틱, 유리병, 포장재 등에 붙어 있는 스티커를 말합니다. 재활용품에 붙어 있는 스티커를 제거해서 배출해야 재활용률이 높아지기 때문에 각 가정에서는 스티커를 제거해야 하는데요. 이 스티커를 다시 활용해 보세요.

❹ 떼어 낸 스티커 보관

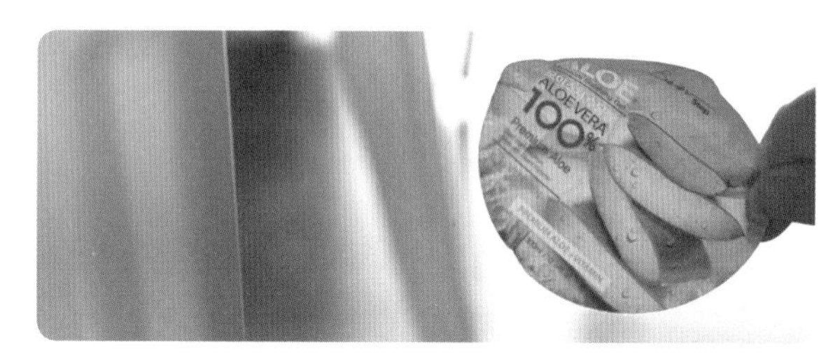

떼어 낸 스티커는 접착력이 강해 의자 밑에 붙여 놓고 며칠이 지나서 사용해도 접착이 잘됩니다. 저는 보이지 않게 식탁 의자 밑에 붙여서 보관합니다. 여기서 중요한 점은 다시 떼어 내기 쉽게 한 부분만 붙이는 것입니다. 전면을 붙이면 다시 떼어 내기 힘들어요. 혹 떼려다 혹 붙이는 꼴이 될 수 있습니다. 그러니 박쥐가 천장에 달랑달랑 매달린 모습처럼 살짝 붙여서 보관해야 합니다. 그래야 재사용할 때 떼어 내기 쉽습니다. 접착면이 공기에 노출되면 접착력이 조금 떨어질 수 있어요. 하지만 충분히 재사용 가능할 만큼 접착이 됩니다. 이렇게 보관하면 정말 유용하게 쓰임이 많아집니다.

❺ 떼어 낸 스티커 재활용

부피 큰 쓰레기를 버릴 때 종량제 봉투 안에서 부풀어 오르지 않게끔 미리 떼어 낸 스티커를 붙여 고정할 수도 있고, 손가락으로 집기 힘든 바닥에 떨어진 머리카락도 쉽게 제거할 수 있습니다. 가끔 꽉 찬 종량제 봉투를 힘껏 묶을 때 안에 든 날카로운 물건에 의해 비닐이 찢기고 맙니다. 그럴 때 떼어 낸 스티커를 찢어진 부분에 밴드처럼 붙이면 아주 좋습니다. 어차피 버려질 스티커니까요. 한 번 더 쓰고 버리면 뿌듯해져요. 세상에 버릴 게 하나 없지요? 버려야 할 쓰레기도 쓰임을 다한 후 버리면 명예로운 쓰레기가 되지 않을까요?

이가 없으면 잇몸으로

_ 배달용 랩 칼 버리지 마세요

빈 음료수 페트병을 버릴 때는 내부에 침전물이 쌓여 있지 않게 물로 가볍게 헹굽니다. 그리고 라벨을 떼어 내고 페트병을 압착 후에 뚜껑을 닫고 투명 페트병 별도 분리배출함에 넣으면 됩니다. 물로 헹궈서 배출해야 하는 이유는 남은 음료가 내부에서 굳으면 재활용 선별장에서 굳은 음료를 제거하기 위해 꽤 힘든 공정 과정을 거쳐야 하기 때문이라고 합니다. 만약 그 과정에서 해결되지 않으면 재활용되지 못하고 쓰레기로 버려진다고 해요. 각 가정에서 수고스럽지만 적은 물로 가볍게 헹궈서 배출하면, 재활용되는 과정도 줄일 수 있고 재활용률도 높일 수 있습니다. 페트병 라벨을 제거해야 하는 이유는 선별장에서 인력으로 일일이 라벨을 제거할 수 없기 때문입니다. 라벨이 붙어 있는 페트병은 재활용 선택을 받지 못하고 쓰레기로 버려진다고 하니 꼭 페트병과 비닐류가 섞이지 않게 분리해 주세요. 라벨지는 비닐류로 배출하고 음료병은 투명 페트병 별도 분리배출함에 넣도록 합시다.

이렇게까지 수고스럽게 배출해야 하는 이유를 알고 나니 악마의 유혹에서 벗어나기가 훨씬 쉬웠습니다. '귀찮은데 그냥 버려? 그래도 꼼꼼히 분리해야지!' 하며 늘 마음속 악마와 천사의 귓속말에 갈등을 일으켰는데, 상황을 알고 나니 실천할 의지가 더 강해졌습니다.

하지만 손힘이 약한 사람은 라벨을 제거하는 게 쉬운 일이 아닙니다. 어떤 제품에는 절취선이 있어 떼어 내기 쉽지만, 어떤 제품은 강력하게 밀착돼 있어 떼어 내는 게 까다롭습니다.

"손의 힘이 약해 페트병의 라벨을 분리해서 배출하고 싶어도 잘 떼어지지 않아요. 부드럽게 뗄 수 있게 만들었으면 좋겠어요."라고 말한 어르신 한 분의 말씀이 기억나네요. 젊은 사람도 라벨 분리하는 작업이 쉽지 않습니다. 어르신들은 얼마나 힘들까요?

그러다 보니 자꾸 도구를 찾게 됩니다. 페트병이나 박스 테이프를 뜯을 때 두꺼운 가위로 하려니 불편해서 커터 칼을 찾게 되지요. 그러던 어느 날 족발을 배달을 시킨 적 있었는데, 포장 속에 랩 칼이 들어 있었어요. 귀엽기도 하고 신기하기도 해서 눈에 띄는 곳에 걸어 놓고 커터칼 대신 사용합니다. 랩 칼로 페트병 라벨을 자르면 손을 다치지 않고 안전하게 자를 수 있어 좋습니다.

Think

랩 칼을 활용하면서 부러진 커터 칼날을 사지 않고 있습니다. 이가 없으면 잇몸으로 버티며 다 살게 되더군요. 커터 칼날의 필요성을 느꼈을 때 바로 구매했으면 랩 칼의 쓰임을 찾지 못했을 겁니다.

필요한 물건이 생기면 바로 구매하는 것보다 대체해서 사용하는 습관을 들이면 이런 의외의 쓰임을 발견하기도 합니다. 그리고 이중 구매로 중복되는 물건이 2~3개씩 쌓여 있지 않게 되지요. 비록 한 번 쓰고 버리는 일회용품이지만 충실히 쓰임을 다하면 세상에 버릴 게 하나 없다는 것을 깨닫게 됩니다.

Zero Waste Tip

❶ 랩 칼로 박스 테이프 자르고 뜯고

택배 상자에 붙은 테이프가 손으로 해결이 안 되면 랩 칼을 사용합니다. 칼이나 가위 등 위험한 도구를 사용하는 것보다 안전해요. 어떤 분은 랩 칼을 박스 테이프의 끈적이는 부분에 붙여 놓고 사용한다고 해요. 상자를 포장할 때 테이프를 붙이다 보면 자르는 도구를 찾는 일이 잦은데, 랩 칼을 박스 테이프에 붙여 놓고 사용하면 테이프를 뜯기 위해 다른 도구를 찾을 필요가 없어 편하다고 합니다.

❷ 쓰임이 끝난 물건은 쓰레기다?

'쓰임이 끝난 물건은 쓰레기야!'라고 인식하는 순간 그 물건은 손에서 곧바로 쓰레기가 돼서 분리수거 함으로 직행합니다. 하지만 조금만 관심을 가지면 비록 쓰레기일지라도 다양한 곳에 쓰임이 생길 수 있습니다. 그 순간 쓰레기는 보물이 됩니다. 버리면 쓰레기, 잘 활용하면 보물이지요. 인식의 차이일 뿐 세상에는 버릴 게 하나 없답니다. 이런 마음가짐을 가지면 일회용품을 덜 쓰게 되며, 쉽게 사고 쉽게 버리는 소비 습관 앞에서 주춤하게 됩니다.

Plus Tip

마스크,
그냥 버리기 아까워서

세탁이 끝나면 세탁기 거름망에 든 찌꺼기를 매번 비워야 하는데 잊어버릴 때가 많아요. 가끔 세탁기 거름망 2개를 꺼내 보면 찌꺼기가 꽉 차다 못해 삐져나와 있어요. 심각합니다. 그래서 세탁된 옷에 먼지가 그대로 묻어 있었나 봐요. 꽉 찬 찌꺼기를 이대로 쓰레기통에 버리려니 괜스레 찝찝하네요. 찌꺼기가 마르면 쓰레기통 뚜껑을 여닫을 때마다 먼지가 흩날릴 것만 같습니다. 그래서 집 안을 둘러보고 버리는 물건에 주목합니다. 찌꺼기를 싸서 버릴 만한 무언가가 없을까 찾아보니 한 번 쓰고 소복이 쌓여 있는 마스크가 눈에 띕니다.

다 쓴 마스크 활용법

1
세탁 찌꺼기 배출

마스크의 고효율 필터가 황사와 미세먼지를 차단한다고 합니다. 세탁 찌꺼기를 마스크 안에 넣어서 버리면 미세먼지 날림을 방지할 수 있을 것 같아요. 그래서 가위로 한 면을 잘라 찌꺼기를 넣고 끈으로 꽁꽁 묶어 쓰레기통에 넣습니다.
찌꺼기가 들어 있는 세탁망은 절대 물에 흔들어 씻으면 안 됩니다. 세탁망에 든 찌꺼기는 미세플라스틱이 다량 들어 있어 씻은 물을 하수구로 흘려 보내면 바다로 유입돼 바다 생물을 위협하기 때문이지요. 꼭 찌꺼기는 깨끗이 걸러 내어 쓰레기통에 버려야 합니다.
찌꺼기를 빼낸 세탁망은 가급적이면 물로 헹구지 말고 한 번 쓰고 버리는 물티슈나 휴지로 닦은 후 쓰레기통 버려 주세요. 바다로 유입되는 미세플라스틱의 35%가 옷에서 발생한 미세플라스틱이라고 합니다. 세탁 방법을 바꾸거나 세탁망에 든 찌꺼기만 잘 버려도 바다로 흘러들어 가는 미세플라스틱을 줄일 수 있습니다.

2
머리카락 배출

이제 다 쓴 마스크 한 장을 들고 화장실로 갑니다. 화장실 배수구망에 가늘고 긴 검은색 머리카락이 주렁주렁 걸려 있어요. 앞과 바닥이 막힌 욕실 슬리퍼를 신고 배수구망 위를 훑으면 깔끔하게 하나로 뭉쳐집니다. 구멍 난 슬리퍼를 신고 훑으면 안 됩니다. 발바닥에 물과 이물질이 묻어 찝찝한 축축함이 느껴지니까요.
욕실 슬리퍼로 걸러 낸 머리카락은 다 쓴 마스크로 감싼 뒤 쓰레기통에 버립니다. 마스크 재질상 물이 잘 스며들지 않아 젖은 머리카락을 감싸도 순간 방수에 효과적입니다.

3
먼지 제거

마스크의 철심을 제거한 후 창틀에 쌓인 먼지를 닦아 보세요. 참 잘 닦입니다. 그런 후 깨끗한 물걸레로 마무리하면 되니까요. 그리고 비나 눈이 오는 날 외출했다 집에 들어서면 현관 바닥의 신발 자국을 지울 때도 다 쓴 마스크로 닦아 보세요. 얼마나 깨끗하게 닦이는지 모릅니다. 마스크 두 장을 겹쳐 지저분한 현관 바닥을 쓱 닦는 데 30초도 걸리지 않습니다. 3~4중 필터에 의해 순간 방수가 되니 손도 젖지 않아 좋습니다.

Q
마스크를 재사용해도 괜찮을까?

어떤 분의 질문이 생각납니다. 마스크에 묻은 바이러스가 위험할 수 있는데 재사용해도 되는지 물었어요. 대중교통을 이용하며 회사나 학교 다니는 가족들의 마스크는 집에 오면 바로 쓰레기통에 버립니다. 안전하지 않고 비위생적이니까요. 하지만 가끔 한적하고 가까운 공원이나 집 앞에 있는 산을 산책할 때에도 마스크를 사용하죠. 이렇게 잠깐 사용한 마스크를 그냥 버리려니 참 아깝더라고요.
그렇게 짧은 외출 후 돌아왔을 때 마스크를 벗어 현관이 젖어 있으면 쓱 닦은 후 버립니다. 어떤 날은 화장실 배수구에 모인 머리카락을 감싸서 버리기도 하는데 2년 동안 걱정스러운 일은 발생하지 않았습니다.

플라스틱이 함유된 물티슈를 습관적으로 뽑아 걸레 대신 사용하는 것보다 다 쓴 마스크를 한 번 더 쓰고 버리는 게 유익합니다. 깨끗한 휴지를 돌돌 말아 젖은 머리카락을 감싸는 것보다 다 쓴 마스크 사용이 훨씬 편리했습니다. 젖은 현관을 젖은 물티슈로 닦는 것보다 다 쓴 마스크로 닦는 게 효율적이고요. 이렇게 소소한 살림 응용은 쓰레기와 소비를 줄일 수 있답니다.

소비를 줄이는 살림법

계속 먹을 수 있는 마법의 요거트

_ 빈 요거트 통으로 요거트 만들기

바쁜 하루를 시작할 때면 요거트 위에 시리얼이나 과일을 토핑해서 아침 식사 대용으로 먹기도 합니다. 이른 아침에 밥을 차려 먹는 건 시간적 부담이 크니까요. 때로는 원활한 장운동에 필요한 유산균 섭취를 위해 규칙적으로 먹습니다. 어린 자녀가 있는 가정에서는 정기적으로 구매해서 먹기도 하지요. 저도 딸아이가 어릴 때에는 요구르트, 우유, 요거트, 치즈 등 유제품 비용의 출혈이 컸던 시기가 있었어요. 하지만 시중의 요거트는 당 함량이 높고, 첨가물이 있다는 단점이 있어요. 요즘은 플레인 요거트를 쉽게 찾아볼 수 있지만, 그때 당시에는 단맛이 강한 요거트만 있어 선택의 폭이 넓지 않았지요.

그래서 요거트 제조기를 사서 집에서 직접 만들어 먹거나, 유산균을 분양받아 발효시켜 먹기도 했습니다. 꾸준히 만들어 먹다 보면 어느 순간 기계가 고장 나기도 합니다. 그렇게 제조기 고장으로 더 이상 요거트를 만들어 먹지 못하고 있을 때였어요. 친구가 티베트버섯 배양균을 분양해 줬는데, 배양균에 우유를 부어 놓으면 다음 날 요거트가 되더군요. 부지런히 유산균을 키워 먹었던 적이 있었어요.

하지만 이 또한 오래가지 못했어요. 균을 죽이지 않기 위해 매일 우유를 부어야 하고, 만든 요거트를 하루라도 소비를 하지 않으면 재고가 쌓입니다. 쉼이 필요할 때 균을 깨끗이 씻어 냉장 보관할 때도 있었지만, 일주일이 지나도록 잊어버렸더니 균이 죽어 있더군요.

아이가 청소년이 되고 유제품을 먹는 횟수가 줄었지만 그래도 가끔 먹고 싶으면 대형 요거트 제품을 사서 냉장고에 넣어 둡니다. 한 번씩 먹고 싶을 때는 제조해서 먹는 것보다 편하더라고요.

어느 날 떠먹는 요거트 제품의 빈 용기를 씻어 배출하려고 할 때였습니다. 부피를 최대한 줄여서 배출하면 운반 비용이 절약되기 때문에 힘을 줘 눌러 보고 발로 밟아 봐도 찌그러지지 않았어요. 하지만 찌그러지지 않는 플라스틱 용기를 한 번 쓰고 버리기에 아깝고 배출할 때마다 미안한 마음이 생기더군요. 버려져서 갈 곳을 잃은 플라스틱 쓰레기들이 사회적, 환경적 측면에서 큰 문제니까요.

그래서 티베트버섯 유산균을 만들어 먹었던 기억을 되살려, 떠먹는 요거트 용기에 플레인 요거트 한 숟가락을 남기고 우유를 부어 실온에 뒀어요. 다음 날 뚜껑을 열어보니 구수한 요거트가 돼 있었답니다. 완성된 요거트를 깨끗한 용기에 옮기고 나서 플라스틱 용기에 유산균 한 스푼을 남기고 또 우유를 부어 놨어요.

이렇게 한 달 동안 네 번 이상 반복해서 만들어 먹다 보니 싫증이 나더군요. 그만 먹고 싶을 때 플라스틱 용기를 깨끗이 세척 후 분리 배출 합니다. 빈 통 하나로 한 달 동안 요거트를 만들어 먹었더니 버리는 플라스틱은 줄고, 요거트 구매 비용도 절약하게 됐어요. 요거트 제조기처럼 씻고 소독하고 말리고 보관하는 번거로움도 없고, 배양균처럼 균을 죽이지 않기 위해 애를 쓰며 쌓여 있는 요거트를 의무적으로 섭취하는 스트레스가 없어 편리했답니다.

Think

처음에는 적어도 일주일에 하나씩 배출되는 플라스틱 통을 줄이고 싶은 마음에 반복적으로 요거트를 만들어 먹었어요. 이런저런 다양한 경험을 통해 플라스틱 용기 배출이 줄었지만, 요거트 구입비도 줄일 수 있었습니다. 무엇보다 '살림은 응용이다'라는 저만의 살림 신조를 마음에 품고 있던 저는 이런 소소한 살림 재미를 찾으면 뿌듯합니다. 열심히 해도 눈에 띄지 않는 게 살림이지만, 살림 응용으로 나만의 재미와 편한 방법을 찾으면 스스로 "유레카!"를 외칩니다.

그러다 보면 성취감이 높아지고, 살림의 즐거운 요소가 하나씩 쌓여 재미가 생기더라고요. 티베트버섯 유산균을 만들어 본 경험이 없었다면 떠먹는 요거트 빈 통으로 새 요거트 만드는 방법을 찾지 못했을 겁니다. 제가 이 방법을 주변에 말했을 때, 누군가 일회용 플라스틱 용기를 여러 번 재사용하는 것이 괜찮을지 우려하더군요. 그래서 플라스틱 용기 대신 상대적으로 안전한 유리 용기를 사용해 실험을 해 봤습니다. 유리 용기에도 발효가 가능함을 확인할 수 있었습니다. 플라스틱 재사용 안전에 대해 많은 분의 의견이 없었다면 유리 용기 사용을 시도하지 못했을 겁니다. 살림 경험이 풍부해야 살림 응용력도, 자신만의 살림 노하우도 두터워지는 것 같아요. 그것이야말로 어렵지 않고 힘들지 않게 살림하는 지름길이라 생각합니다.

Zero Waste Tip

❶ 떠먹는 요거트 빈 통으로 새 요거트 만드는 방법

① 큰 플레인 요거트 준비

첨가물이 들어 있지 않은 순수 플레인 요거트가 필요합니다. 구입 후, 용기 주변을 깨끗이 닦아 줍니다.

② 유리 용기 소독

요거트를 옮겨 담을 유리 용기가 필요해요. 음식 냄새가 배어 있지 않은 깨끗한 냄비에 유리 용기를 넣고 차가운 물을 절반 정도 부은 후 냄비 뚜껑을 열어 놓고 10분가량 팔팔 끓입니다. 끓는 물에 유리 용기를 넣으면 깨질 염려가 있으니 꼭 차가운 물과 함께 넣고 끓입니다. 10분 뒤 꺼내어 실온에서 충분히 식혀서 사용합니다.

③ 옮겨 담기

충분히 식은 유리 용기에 플라스틱에 든 플레인 요거트를 옮겨 담습니다. 이때는 위생과 청결을 위해 바로 옮겨 담아야 합니다.

④ 우유 붓기

플라스틱 용기에 요거트를 한 스푼 남기고 우유를 부어 실온에 둡니다. 풍부한 유산균이 필요하니 크게 한 스푼 남깁니다. 유산균이 부족하면 발효가 늦거나 요거트가 묽을 수 있어요.

⑤ 냉장 보관

다음 날 발효가 잘됐는지 확인합니다. 이때 뚜껑을 열지 말고 통을 흔들어 확인합니다. 세균 침투를 막기 위해서랍니다. 발효가 잘된 요거트는 흔들었을 때 찰랑거리는 소리가 나지 않습니다. 완성됐으면 냉장 보관합니다. 차게 굳히면 쫀쫀한 요거트를 맛볼 수 있어요.

⑥ 발효 환경

따뜻한 날에는 실온에서 하루, 추운 날에는 이틀 정도의 시간이 소요됩니다. 겨울 실내 온도가 높으면 실온에 두고 발효해도 됩니다. 실내 온도가 높지 않으면 보온 중인 전기밥솥의 미열을 이용하면 좋습니다. 전기밥솥 뚜껑 위에 얹어 놓고, 깨끗한 천으로 덮어 둡니다. 이 방법은 꼭 추운 겨울 실내 온도가 낮을 때만 활용하세요.

❷ 플레인 요거트만 가능한 이유

많은 분의 질문을 받았습니다. 과일이 함유된 요거트도 우유를 부으면 발효가 되는지 물으셨는데 이는 권하지 않습니다. 단맛을 내는 당류와 아삭한 식감이 있는 과일 등 다양한 첨가물이 들어 있어 쉽게 발효되지 않을뿐더러, 어렵게 발효가 된다 해도 쉽게 상할 수 있습니다. 플레인 요거트로 발효시켜 꿀이나 과일청을 넣어 단맛을 추가하면 더 건강하게 먹을 수 있어요.

❸ 요거트 맛을 결정하는 2가지 요인

시중에 판매되는 플레인 요거트는 제조사마다 맛이 다릅니다. 그래서 자신의 입맛에 맞는 요거트를 선택해서 즐겨 마시는 우유를 부어 발효시키면 내가 좋아하는 맛이 연출됩니다. 요거트 맛을 결정하는 건 우유와 유산균이에요. 담백하고 풍미가 묵직한 요거트에 구수한 우유를 부으면 아주 고급스러운 요거트 맛이 완성됩니다. 살짝 새콤한 요거트에 묽은 우유를 부으면 새콤한 요거트를 맛볼 수 있습니다. 어떤 유제품을 결합하느냐에 따라 색다른 맛이 연출되니 자신만의 취향에 맞게 제조하는 재미를 느껴 보세요.

❹ 플라스틱 용기를 얼마나 오래 사용할 수 있나요?

저는 하나의 통으로 한 달 동안 네 번까지 만들어 봤어요. 깨끗하게 관리만 잘하면 반복해서 만들 수 있습니다. 하지만 제조 과정이나 보관 중 플라스틱 통에 스크래치가 생겨 세균이 침투할 수 있으니 장기간 사용에는 주의가 필요합니다.

❺ 꼭 플라스틱 용기로만 발효시킬 수 있나요?

플라스틱 용기를 재사용하는 건 안전하지 않을 수 있습니다. 미세플라스틱과 환경 호르몬 발생으로 건강에 이롭지 않으니까요. 위와 같은 방법으로 유리 용기에 발효시켜도 됩니다. 유리병이나 유리 용기에 유산균을 적당히 넣고 우유를 부어 실온에 두면 발효됩니다. 이때 사용하는 유리병과 유리 용기는 앞의 방법처럼 열탕 소독하면 됩니다. 유리병을 매번 소독해야 하는 번거로움은 있지만, 한 번 만들 때 큰 유리 용기에 넉넉히 만들어 놓고 먹으면 일주일이 편합니다. 발효시킨 요거트를 덜어 먹고 두 스푼 남긴 후 우유를 부어 놓으면 반복적으로 요거트를 만들어 먹을 수 있어요. 제조 용기가 커질수록 요거트 양도 늘려 주면 좋아요.

먹고, 심고, 수납하고

_ 아보카도 수납함 만들기

아보카도는 버릴 게 없어요. 과육은 맛있게 먹고, 삶은 계란 노른자처럼 생긴 둥근 씨앗은 화분에 심으면 아보카도 나무가 됩니다. 실내 식물 인테리어로 방을 예쁘게 연출할 수 있어요. 그리고 칼집을 내어 반으로 분리하고 숟가락으로 과육을 도려내면 딱 껍질만 남습니다. 아보카도 껍질은 색과 표면의 질감도 독특하지만, 마른 껍질의 안을 자세히 들여다보면 천연가죽의 안감처럼 묘한 질감을 발견할 수 있습니다. 건조 과정에서 더 거친 결이 생성되기도 하고 모양이 다양하게 변형됩니다. 잘 말리면 자연에서 온 감성 짙은 훌륭한 수납함이 됩니다.

주방 살림에서는 부피가 작은 물건이 자주 쓰여요. 작은 집게, 빵끈, 고무줄, 랩 칼, 방습제 등을 서랍장에 보관하니 경계가 쉽게 무너져 어느 순간 뒤죽박죽 섞여 지저분해지지요. 그래서 여백이 많은 주방 벽면에 눈높이에 맞게 작은 보관함을 설치하고 싶다는 생각을 품고 살았어요. 벽에 못을 박을 수 없으니 고정핀으로 고정했으면 좋겠고, 작은 물건을 넣고 빼기 쉽게 입구가 넓으면서 깊이가 얕은 그런 보관함이 여러 개 필요했어요.

또 딸아이 방 서랍장에서 어수선하게 돌아다니는 머리끈, 실핀, 똑딱핀 등 매일 사용하는 작은 물건들의 자리도 만들고 싶었어요. 보관함을 벽에 부착하면 보관도, 사용도 편리할 거라면서 늘 염두에 두고 있었지요.

그렇게 게으름만 피우고 있을 때쯤 우연히 아보카도를 먹을 기회

가 생겼어요. 맛있게 먹고 껍질을 버리려니 아까운 생각이 들었어요. '말리면 조롱박처럼 사용할 수 있지 않을까?' 하는 호기심에 깨끗이 씻어서 창가에 놓고 말렸습니다.

아보카도는 껍질이 얇아 안으로 말리면서 건조됩니다. 물기를 충분히 닦은 후, 안으로 말려 들어가지 못하게 과일망이나 손수건으로 안을 채워 줍니다. 단, 습기 많은 여름에는 선풍기나 드라이기로 빠르게 습기를 제거해야 곰팡이가 생기지 않아요. 그래서 곰팡이 없이 예쁘게 만들려면 건조한 계절이 좋습니다.

껍질이 바싹 마르기 전에 고정핀을 꽂아 구멍을 미리 만들어놓습니다. 껍질이 바싹 마른 상태에서 핀을 꽂으려 하면 단단해서 들어가지 않습니다. 다음 날 주방 벽에 잘 마른 아보카도 껍질을 고정핀으로 꽂아 아보카도 껍질 수납공간을 완성했어요. 딸아이 방은 찾기 쉽게 전등 스위치 옆에 머리끈, 똑딱핀, 실핀을 넣을 자리를 정하고, 주방에는 나비장 위에 자주 쓰이는 빵 끈, 고무줄, 집게의 자리를 만들었어요.

천연 수납함은 플라스틱 수납함에 비교할 수 없을 만큼 감성적입니다. 필요한 물건이 생겼을 때 바로 구매하지 않고, 게으름을 피우길 잘한 것 같아요.

Think

화원에서 판매하는 식물을 사서 반려식물로 키우는 것도 좋지만, 씨앗 발아부터 나무가 되기까지 전 과정을 경험해 보는 것도 재밌는 일입니다.

어떤 식물은 세월이 키워 주기도 하고, 어떤 식물은 사람의 보살핌을 받아야 죽지 않고 환경에 적응하기도 해요. 또 어떤 식물은 집에 들인 지 일주일 만에 죽기도 합니다. 식물의 특성을 더 세세하게 알려면 씨앗부터 키워 보면 좋습니다.

어느 정도 성장한 식물을 사려면 가격이 비쌉니다. 큰맘 먹고 집에 들인 후 얼마 키워 보지도 못하고 죽으면 본전 생각에 정말 허무합니다. 아보카도를 씨앗 발아시켜 5년 동안 키워보니 비싼 식물이 죽으면 밀려오는 죄책감과 허무함을 덜 수 있어 좋았어요. 그리고 매일 커 가는 모습을 볼 수 있어 좋고, 힘든 과정을 거쳐 잘 키워 낸 보람에 성취감이 높아집니다. 매일 들여다보며 주치의처럼 어디 아픈 곳은 없는지 보살피는 즐거움에 반려식물의 매력 속으로 빠지게 됩니다.

아보카도를 먹을 때 과육만 먹지 말고 껍질은 천연 수납함으로 만들고, 씨앗은 심어 반려식물로 키워 보세요. 다른 사람이 키워 놓은 식물을 사서 키우는 것보다, 공장에서 만든 플라스틱 수납함을 사서 사용하는 것보다 건강한 즐거움을 느낄 수 있습니다.

Zero Waste Tip

❶ 수경 재배

① 과육에서 빼낸 아보카도 씨앗을 깨끗이 씻은 후 실온에서 말린다.
② 몇 시간 뒤 씨앗의 얇은 껍질 막에 금이 가면 껍질을 벗겨낸다.
③ 이쑤시개를 씨앗의 중간 위치에 동서남북으로 꽂는다.
④ 물컵에 물을 넣고 씨앗의 뿌리가 나오는 아랫부분이 물에 잠기게 담근다.
⑤ 일주일에 한 번씩 물을 갈아주며 씨앗이 발아되기를 기다린다.

아보카도 씨앗 발아는 날이 추울수록 기다림이 길어집니다. 5월 이후 따뜻한 날에 수경 재배하면 한여름에 잎을 볼 수 있어요. 열대지방 식물은 대부분 폭폭 찌는 무더위에 씨앗 발아가 잘됩니다. 씨앗에서 뿌리가 나오고 싹이 보이면 한여름에는 바로 흙에 옮겨 심어도 좋습니다. 대신 싹과 뿌리가 마르지 않게 물을 매일 분무해 줘야 합니다. 매일 물을 주면 흙에 곰팡이가 생길 수 있는데, 이때 바람이 필요합니다. 만약 초보 가드너라면 수경 재배로 충분히 잎을 키운 후 화분에 옮겨 심는 것을 추천합니다.

❷ 화분에 심어서 키우기

흙이 담긴 화분에 씨앗을 묻어 놔도 발아가 잘됩니다. 대신 씨앗을 심은 화분에 자주 물을 줘야 하는 번거로움은 있어요.
씨앗을 묻어 놓고, 물 주는 시기를 놓치면 발아가 느릴 수 있어요. 아보카도는 뿌리가 먼저 나고, 싹은 나중에 나오기 때문에 물 주는 시기를 놓치면 뿌리와 싹이 말라 버리기 쉽습니다. 그래서 아보카도는 수경 재배로 많이 키웁니다.
하지만 화분에 심어서 키우는 방법이 없지는 않아요. 물을 자주 먹는 식물 옆에 씨앗을 묻어 놓는 꾀를 부려도 좋습니다. 싹이 보이면 뽑아서 다른 화분에 옮겨 심으면 되니까요. 저는 이른 봄에 수경 재배하다 기다림에 지쳐 물을 자주 먹는 화초 옆에 씨앗을 푹 꽂아 놨어요. 그랬더니 두 방법 중 흙에서 자란 씨앗이 훨씬 튼튼하게 자랐어요. 그때 느꼈어요. 내가 아무리 기다리고 신경을 써도 다 때가 있구나! 조바심을 내지 않아도 때가 되면 다 크더라고요. 꼭 우리 아이들처럼요.

장바구니 속 물건 분해하기

_ 쓰임이 끝난 물건은 쓰레기?

시장에 갔다 오면 의례 식탁 위에 볼록해진 장바구니를 올려놓습니다. 장바구니 속 물품을 하나하나 꺼내어 분해하지요. 스키니 진처럼 착 달라붙은 비닐을 입고 있는 애호박을 사면 꼭지에 빵 끈이 달려 있습니다. 존재 이유를 모르겠으나 쓰임이 있으니 그것을 풀어 아보카도 수납함에 넣어 둡니다. 그런 후 비닐을 벗겨 내어 비닐 분리수거 함에 넣습니다.

이제는 끝물 거봉 포장을 분해합니다. 상자 입구를 막고 있는 비닐은 뜯어서 비닐 분리수거 함에 넣고, 종이 상자를 지탱하는 네 각의 기둥을 무너뜨려 납작하게 만든 후 다용도실 한쪽에 보관합니다. 포도 봉투에 또 빵 끈이 있네요. 빵 끈은 아보카도 수납함에 넣고, 포도 봉투는 접어서 버리지 않고 보관해 둔 커피 컵 홀더에 끼워 서랍장에 모아 둡니다. 감자, 생강, 마늘, 마 등을 냉장 보관할 때 포도 봉투에 넣어 보관하면 썩지 않고 싹이 나지 않게 보관할 수 있기 때문이에요.

맛있는 가을 배도 샀어요. 멍들고 상처가 날까 봐 하얀 그물 붕대를 감아 놨네요. 우린 이걸 과일망이라 부릅니다. 배를 감싸고 있는 과일망을 벗기면 버리지 않고 보관합니다. 배를 보호하듯 저는 양파를 보호합니다. 양파에 과일망을 씌웁니다. 오늘을 위해 그동안 과일망을 모아 놨지요. 한겨울 보온 효과도 있고, 가장 아래에 깔린 양파의 짓눌림을 방지합니다. 사람은 살과 살이 닿아야 사랑이 싹튼다고 하지요? 양파는 서로 닿으면 닿은 면이 썩어 버립니다. 이를 방지하기 위해 과일망에 양파를 넣어 보관합니다. 오랫동안 곰팡이 없이 썩지 않고 장기간 보관할 수 있어 좋습니다.

짭조름한 구운 김도 사 왔어요. 김 봉지의 한쪽 면을 조금 찢어 바람을 빼고 봉지째 김을 접어서 자릅니다. 크기가 일정하지 않네요. 조금 크게 잘린 김에 맞게 큰 반찬 통에 옮겨 담습니다. 그런 후 김 봉투 속에 든 방습제를 꺼내어 상태를 확인하고, 소주를 이용해 기름기를 닦습니다. 기름 범벅이 된 방습제는 사용할 수 없지만, 상태가 양호한 방습제는 재사용이 가능합니다. 소주로 표면에 묻은 기름을 닦은 후 햇빛에 말려 잘 보관하면 건나물을 보관할 때 유용합니다. 김 봉투 내부에 묻은 참기름은 한 번 쓰고 모아 놓은 휴지로 깨끗이 닦아서 비닐 분리수거 함에 넣습니다.

이렇게 장바구니 속 물건을 분해하고 나면 장바구니는 홀쭉해지고 분리수거 함은 볼록해져요. 장바구니를 결대로 접어 작은 파우치에 넣고 지퍼를 닫아 서랍장에 넣으면 정리가 끝이 납니다.

Think

쓰임이 끝난 물건은 쓰레기일까요? 비록 유통 과정에 식품을 보호하기 위한 일회성 포장지라도 다른 곳에 쓰임이 다양할 수 있습니다. '이런 건 다 쓰레기야'라고 인식하는 순간 손에서 곧바로 쓰레기통으로 버려지거나 분리수거 함으로 보내집니다. 쓰임이 끝났지만 새롭게 활용할 방법에 조금만 관심을 가지면 비록 버려지는 쓰레기일지라도 다양한 곳에 유용하게 쓰입니다. 그 순간 쓰레기는 보물이 되지요. 버리면 쓰레기, 잘 활용하면 보물입니다. 인식의 차이일 뿐 세상에는 버릴 게 하나 없으니까요. 쓰레기도 줄이고, 필요한 물건을 구입하는 비용도 절약되니 일석이조랍니다.

Zero Waste Tip

❶ 팔방미인 빵 끈 활용

빵 끈을 버리지 않고 잘 모아 놓으면 두루두루 다양하게 사용할 수 있습니다. 케이블 타이를 사지 않아도 되고 노란 고무줄을 찾는 일도 줄어들어요. 주방 서랍을 열면 갑자기 튀어나오는 물건이 있습니다. 저는 식혜를 만들고 씻어 놓은 식혜 주머니가 종종 그러네요. 이걸 노란 고무줄로 묶어 놓으면 고무 냄새가 배니 빵 끈을 사용합니다. 기다란 빵 끈으로 동여매면 부피가 줄어 자리를 차지하지 않아 좋고, 서랍장을 열었을 때 불쑥 튀어나오지 않아 서랍 안이 정돈되고 깔끔합니다.

휴대폰 충전 케이블이나 외장 하드의 긴 코드가 지저분해 보일 때도 적정한 길이를 남겨 놓고 빵 끈으로 묶어서 사용합니다. 선풍기 코드 정리에도 사용할 수 있어요. 코드를 짧게 접어 긴 빵 끈으로 묶은 다음, 선풍기 창살에 고정하면 효율적으로 보관할 수 있어요. 벽걸이 TV 코드가 길면 화면 아래로 치렁치렁 늘어져요. 코드를 한 번만 접어 빵 끈으로 느슨하게 묶어 놓으면 보이지 않게 정돈이 됩니다. 케이블 타이를 사지 않아도 쓸모가 없어진 빵 끈으로 많은 것을 할 수 있어요.

❷ 양파망 비닐 수납함

살림하다 보면 매일 발생하는 게 비닐이 아닐까 생각합니다. 커피 한 잔을 마셔도 스틱 봉지를 배출하고, 라면을 끓여 먹어도 2~3개의 비닐을 배출합니다. 장을 본 날 식품을 정리하면 비닐이 수북하게 쌓입니다. 바구니에 비닐을 넣고 누르고, 넣고 누르고를 반복해도 개구리처럼 튀어 오릅니다. 튀어 올라 바닥에 떨어져 지저분합니다.

그러다 버리지 않고 모아둔 양파망을 꺼냈어요. 오렌지색, 초록색, 빨간색 심지어 흰색도 있습니다. 색이 예뻐 언젠가 쓰임이 있지 않을까 해서 보관해 뒀는데 비닐 수납함으로 사용해 보니 너무 좋습니다. 많이 넣어도 튀어 오르지 않고, 신축성이 좋아 비닐을 눌러 넣으면 또 들어가니 비닐 수납함으로 안성맞춤인 것 같아요. 게다가 양파망은 통기성이 좋아 냄새와 곰팡이로부터 자유로워요. 일주일에 한 번 있는 분리수거 날까지 스트레스 없이 보관 가능합니다.

화초는 죽어서 화분을 남긴다

Part 2.
우아한 궁상

엄마의 정원으로 건강을 엿보다

_ 보고, 먹고, 즐기는 식물 활용법

엄마의 정원을 보면 엄마의 건강이 보입니다. 5월 어버이날, 시골 오일장에서 구경하기 힘든 희귀하고 예쁜 화초를 종류별로 샀습니다. 화초를 좋아하는 엄마를 위해 어버이날 선물로 갖다 드렸지요. 혼자 있는 적적한 시간에 화초를 돌보며 작은 즐거움을 느끼셨으면 했어요. 그런데 "만사가 귀찮다. 다음에는 사 오지 마라!"라고 하십니다. 그냥 하는 말이겠거니 생각했습니다.

그해 여름휴가 때 내려가 보니 대문 앞의 화단에도 마당 안의 화단에도 잘 크고 있던 화초들이 보이지 않고 빈 화분만 쌓여 있네요. 방문을 열고 안으로 들어서니 집 안의 공기가 평소와 다르게 느껴졌습니다. 방 안 창가에 놓여 있는 화초들이 시들어 있었고, 정원이 시든 만큼 엄마의 기력과 원기도 쇠약해진 것을 알아챘습니다. 병원에 모시고 가 정밀 검사를 받아 보니 콩팥에서 염증이 발견됐습니다. 결국 여름 한 달 동안 입원해 치료를 받았습니다. 그때 알았습니다. 엄마의 정원을 보면 엄마의 건강이 보인다는 것을요. 평생을 살뜰히 보살피던 생기 넘치는 작은 정원에 화초 대신 빈 화분이 쌓여 있으면 엄마의 건강을 의심해 볼 필요가 있습니다.

그 후 2년 동안 힘든 고비를 두 번 넘기면서 많이 밝아지셨고, 이제는 전화 목소리도 쾌활하게 들립니다. 지금은 쌓여 있는 빈 화분에 생명을 하나씩 채우고 계십니다. 그 재미를 느껴 보시라고 레몬 씨앗을 발아시켜 레몬트리를 갖다 드렸어요. 그랬더니 희망을 재촉하시며 "레몬은 언제 열릴꼬? 꽃이 펴야 열매가 열릴 텐데 아직 꽃이 안

피네"라고 하십니다. 아보카도 씨앗을 발아시켜 아보카도 나무도 갖다 드렸습니다. 그랬더니 똥오줌 못 가리는 강아지를 귀찮아하듯 "하이고, 야는 참 성가시다. 매일 물을 안 주면 잎이 축 처진다"라며 볼멘소리를 하셨습니다. 그리고 장미 허브도 풍성하게 꺾꽂이해서 갖다 드렸습니다. 그랬더니 의아한 목소리로 "저 허브는 향이 저렇게나 좋은데 우째 못 먹노?"라고 하십니다. 그래서 맛있는 허브 식물을 종류별로 갖다 드렸더니 이제 커피 대신 허브차를 즐겨 드십니다. 물에서 향기가 난다며 좋아하세요. 입이 바싹 마르면 허브 잎을 따서 뜨거운 물이나 차가운 물에 넣고 마시면 되니 편하다고 하십니다.

취향이 비슷한 엄마와 딸의 전화 통화 주제는 늘 화초 이야기로 시작해 텃밭 이야기로 끝을 맺습니다.

"엄마, 엄마, 텃밭에 수세미가 30개 넘게 달렸다."

흥분해서 이야기하면 답합니다.

"하이고, 그렇게나 많이 달렸나? 내년 봄에 심어보게 씨앗 갖고 온나."

엄마도 목소리를 높여 옛날에 천연 수세미로 설거지한 이야기를 한참을 들려주십니다.

"식물 수세미를 키우기 전에는 볏짚으로 설거지했다. 빳빳하게 마른 것을 물에 푹 적셔가 그걸로 일일이 그릇을 닦았다."

볏짚으로 소도 먹이고 살림도 했다면서 신나게 옛 경험을 들려주십니다.

이렇게 엄마와 딸의 전화 통화는 한 시간을 넘길 때가 많습니다. 예전의 호기심 많고, 열정적인 우리 엄마로 돌아온 것 같아 흐뭇하고 기쁩니다.

Think

'화초는 죽어서 화분을 남긴다.'

봄에는 새 화초를 맞이하고, 여름에는 새 화초를 병간호하다가, 결국 가을에는 빈 화분만 남게 됩니다. 화초를 좋아하는 사람들의 계절 루틴 같아요. 오랜 세월 함께하는 식물도 많지만, 떠나보낸 식물도 참 많아요. 빈 화분이 쌓일 때마다 반성하지만 봄이 오면 심장이 먼저 식물을 맞이합니다. 비록 화초는 죽었지만 나는 아직 살아 있다는 증명이라도 하는 듯 심장이 뛰박질합니다.

생기가 사라진 엄마의 정원을 보고 건강을 잃으면 모든 걸 잃을 수 있다는 생각을 하니 무서웠지만, 현실에 충실하며 빈 화분에 행복을 채우며 살아야겠습니다. 엄마의 정원에 기쁨을 심어 드리고, 빈 화분에는 사랑을 채워 드림에 게으르지 않아야겠습니다.

Zero Waste Tip

❶ 엄마도 여자랍니다

넓고 나지막한 빈 화분에 장미 허브를 풍성하게 심어서 엄마 방에 놔 드리세요. 볕이 드는 창가에 놔두면 방향제가 필요 없습니다. 팔순이 넘어도 엄마도 여자라서 식물의 꽃향기도, 허브 향도 좋아하십니다. 식물 자체에서 향을 발산하는 장미 허브도 좋고, 향이 강한 세이지도 좋습니다. 창문을 열어 두면 바람이 허브 향을 일으켜 방 안을 상쾌하게 만들어요. 도시에 있는 자식들 집에 석 달 동안 놀다 와도 생명력이 강한 장미 허브는 시들기만 할 뿐 잘 죽지 않습니다. 대신 과습은 피해야 합니다.

❷ 보는 즐거움

엄마들은 꽃을 참 좋아하세요. 빈 화분에 앤슈리엄, 란타나처럼 화려한 화초를 심어서 드리면 대화의 소재가 됩니다.
앤슈리엄은 공기 정화 능력이 뛰어날 뿐 아니라 관상용으로 보는 즐거움이 크지요. 꽃말인 '불타는 마음'처럼 꺼져 가는 엄마의 마음이 앤슈리엄을 보는 즐거움으로 불타올랐으면 좋겠네요.
란타나는 사계절 내내 꽃을 보는 즐거움이 있습니다. 꽃의 색이 시간이 지남에 따라 다양하게 변한다고 해서 칠변화라 부르지요. 카멜레온처럼 노랑, 빨강, 분홍, 초록 등의 다른 색으로 변하는데, 보는 즐거움이 커서 엄마들이 무척 좋아할 화초예요. 단, 란타나는 독 성분이 있어 관상용으로 보는 즐거움만 누릴 수 있어요. 비비거나 만지면 손을 깨끗이 씻어야 하는 주의가 필요해요.
꽃말 '나는 변하지 않는다'처럼 엄마의 순수한 마음이 변하지 않게 빈 화분에 란타나 한 그루 심어 드려 보세요.

❸ 먹는 즐거움

보는 즐거움에 먹는 즐거움을 추가하면 엄마들은 더 좋아하세요. 엄마의 정원에 빈 화분이 보이면 불면증 개선과 우울증 예방에 도움되는 로즈메리를 한 그루 심어 드리세요. 육류 섭취 후 로즈메리 차를 마셔도 좋고, 고기 구울 때 가까이에서 바로바로 사용할 수도 있답니다. 로즈메리의 꽃말 '아름다운 추억'처럼 기분 좋은 향을 마시고 우울증 없이 아름다운 추억을 상기하며 노년을 즐기셨으면 합니다.

❹ 집안일을 도와주는 식불

봄에 새 흙을 들여 분갈이도 하고 빈 화분에 심을 새로운 식물도 들였더니 뿌리 파리가 생겼어요. 벌레를 손으로 잡다가 지쳐 긴잎끈끈이주걱을 들였더니 세상 편하더라고요. 그 긴 잎에 뿌리 파리가 빽빽이 붙어 있는 걸 보고 집안일을 도와주는 식물이라는 생각이 들었어요. 손뼉치며 뿌리 파리를 잡으러 다니면 검은 눈동자가 안으로 몰리면서 현기증이 핑 돌 지경이지요. 나 대신 벌레를 잡아 주니 고마운 식물입니다. 특히 시골에는 여름만 되면 모기, 파리를 잡느라 분주합니다. 문을 열고 집에 들어오면 꼭 뒤따라 들어와서 윙윙거리며 사람을 귀찮게 하지요. 이때 집안일을 도와주는 식물 하나 놓아 보세요. 벌레를 잡아먹는 식충 식물로는 파리지옥, 긴잎끈끈이주걱, 구문초, 퍼포리아, 네펜데스가 있습니다.

살림에
보탬이 되는 식물

_ 허브의 나비 효과

아침에 일어나 작은 접시를 들고 베란다로 나가 일곱 가지 허브 앞에 쪼그리고 앉아요. '오늘은 어떤 허브와 하루를 시작해 볼까?' 하며 향긋한 고민을 합니다.

일곱 가지 허브 잎을 쓰다듬으며 향기를 일으키는 순간, 뇌리에 스치는 허브 잎을 선택합니다. 오늘 아침은 향이 강한 세이지 차를 마셔야겠어요. 세이지 잎은 폭신하고 부드러워 촉감도 좋지만, 잎 자체에서 향을 발산하기 때문에 베란다 문을 열면 식물원에서 경험할 수 있는 온실 냄새가 납니다. 특히 밤에 산소를 내뿜는 허브 특성상 이른 아침에 향긋한 허브의 잔향이 남아 있어 쪼그리고 앉아 온몸으로 흡수하려 하지요.

세이지를 흐르는 물에 가볍게 씻어 머그잔에 넣어 뜨거운 물을 부으면 향긋한 세이지 향이 온 집 안을 맴돌아요. 이 신선하고 향긋한 맛은 티백 차와 비교할 수 없어요. 햇빛이 쏟아지는 창가에 앉아 컵에 동동 떠 있는 잎을 호호 불어가며 마시다 보면 얼굴은 촉촉해지고 입 안은 양치한 듯 개운합니다. 세이지는 구강 세정제로도 쓰인다고 해요.

오후에 컴퓨터 앞에 앉아 작업하면 집중력도 저하되고 피로감을 느낍니다. 그래서 일하면서 물을 자주 마시게 되는데, 물컵과 텀블러가 책상 위 필수품이 됐어요. 여름에는 애플민트 잎을 따서 텀블러에 차가운 물과 함께 넣어 둡니다. 갈증도 해소되고 은은한 허브 향에 기분도 좋아져요. 겨울철 뜨거운 물에 애플민트 잎을 넣어 작업할 때마다 마시면 애플민트 특유의 상큼한 향이 뇌를 깨워 집중력이 높아지고, 건조한 피부를 보호하는 특성 덕분에 보습 효과에도 좋습니다. 그래서 여행을 가거나 장거리 외출할 때 말린 허브나 생허브 잎을 챙겨 다닙니다. 주말농장에 밭일하러 갈 때도 잊지 않고 챙겨 갑니다.

허브는 요리 향신료, 허브차, 허브 소금, 방향제, 입욕제 등 일상생활 속에서 다양하게 활용할 수 있는 유용한 식물이 아닐까 생각합니다. 놀고 있는 빈 화분에 비싼 화초 대신 저렴한 허브를 채워 보세요. 씨앗으로 키워도 좋고, 꺾꽂이나 포기를 나눔받아 키워보는 것도 좋아요. 키우는 재미, 보는 재미, 먹는 재미까지 살림과 삶에 큰 보탬이 된답니다.

Think

허브를 키우면 성취감에 삶이 재미있고, 허브 향을 맡으면 별것 아닌 일상이 행복하게 느껴지며, 허브차를 마시면 바쁜 삶이 여유로워지는 것 같아요. 자급자족한 허브로 소금을 만들고 가족을 위해 모히토 음료를 만들 때 행복 지수가 높아지지요. 식물 한 그루를 키웠을 뿐인데도 살림에 보탬이 되고 삶의 질이 향상되다니, 이것이 허브의 나비효과가 아닐까 해요. 허브 한 포기로 성취감, 먹는 재미, 향기 치유까지 삶의 여유를 느껴보세요.

Zero Waste Tip

❶ 애플민트 키우기

애플민트는 다년생이지만 추워지면 성장이 멈추고 잎을 떨굽니다. 가을에 앙상한 가지를 잘라 내고 뿌리만 남은 화분을 방치하기 쉽습니다. 방치된 화분에 수분을 공급하지 않으면 실내에서 애플민트 뿌리가 말라 죽을 확률이 높아요. 봄이 와서 뿌리가 담긴 화분에 물을 주면 새싹을 만날 수도, 못 만날 수도 있어요. 1년 내내 실내에서 애플민트를 즐기고 싶다면 가을 초입부터 특별 관리를 해야 합니다.

앙상한 가지에 붙은 애플민트를 꺾어 흙에 꽂아 주고 마른 가지는 잘라서 정리합니다. 그러고 나서 애플민트가 뿌리를 내릴 때까지 촉촉하게 매일 분무를 해 줍니다. 건조한 계절에 실내는 더욱 건조하므로 애플민트가 마르지 않게 수분에 신경을 써 줘야 합니다. 그러면 몇 일내 꺾꽂이한 애플민트도 정착하고 뿌리에서 새로운 싹이 올라오는 게 보입니다. 실내 창가에 놓고 수분을 공급해 주면 겨우내 애플민트 차를 마실 수 있어요. 곁에 두고 초록 잎을 보면 눈이, 상큼한 민트 향에 코가, 향긋한 차 한 잔에 입이 호강하지요.

❷ 모히토 음료와 칵테일 만드는 방법

여름에 모히토 음료를 마시기 위해 1년 동안 애플민트를 지극정성 가꾸는지도 모릅니다. 겨울 동안 죽지 않게 잘 보살펴온 보상을 여름에 모히토 한 잔으로 받고 희열을 느낍니다. 가장 만만하게 사계절 내내 즐길 수 있는 허브는 애플민트예요. 겨울에는 따뜻한 차로, 여름에는 차가운 모히토 음료나 칵테일을 만들어 먹을 수 있으니까요.

◆ 재료 : 부드러운 애플민트 잎 한 줌, 라임 2개, 토닉워터 1병, 얼음, 설탕 1T

① 깔끔하게 세척한 라임을 조각 내어 볼에 넣어 줍니다. 라임 대신 레몬을 사용해도 됩니다.

② 애플민트 한 줌을 물에 가볍게 씻어 물기를 빼고, 손으로 가볍게 비벼 향을 내어 볼에 넣어 줍니다. 애플민트는 넉넉할수록 더 깊은 맛이 우러납니다. 취향껏 가감하면 됩니다.

③ 설탕 1T를 넣습니다. 이때 설탕 대신 꿀이나 시럽으로 단맛을 추가해도 좋습니다.

④ 볼에 담긴 재료를 꾹꾹 누르면 즙이 나옵니다. 애플민트와 라임즙에 의해 설탕도 함께 녹습니다.

⑤ 2개의 유리잔에 옮겨 담고 얼음을 각각 채워줍니다.

⑥ 토닉워터 1병을 2개의 잔에 나누어 따릅니다. 이때 토닉워터 대신 탄산수나 사이다를 넣어도 좋습니다. 단, 사이다를 사용할 때는 설탕을 넣지 않습니다.

⑦ 맛을 보고 단맛이 약하면 설탕이나 시럽을 더 넣고 저어 주면 됩니다.

⑧ 마지막으로 애플민트 잎과 슬라이스로 썬 라임으로 예쁘게 장식하면 모히토 음료가 완성됩니다.

⑨ 모히토 칵테일이 먹고 싶으면 만들어진 모히토 음료에 알코올을 적당량 넣어주면 칵테일이 됩니다. 집에서 흔히 구할 수 있는 소주 한 잔을 넣어도 좋지만, 럼을 사용해도 좋습니다. 럼은 칵테일에 사용되는 무색의 실버 럼을 사용합니다.

❸ 세이지

세이지는 다년생 허브이며 키우기 까다롭지 않은 식물이에요. 내한성은 강하지만, 너무 혹독한 추위는 견디지 못해 북쪽 지방에서는 노지 월동이 어렵습니다. 따뜻한 봄에 텃밭에서 키우다 추워지기 전에 화분에 옮겨 심고 베란다에서 겨울을 보내면 1년 내내 잎을 볼 수 있어요. 세이지는 씨앗을 뿌려 키워도 좋고, 포트에 든 모종을 사다 심으면 성장이 빨라 잎 사이에서 새순이 잘 자라기 때문에 키우는 재미가 있어요.

세이지는 향이 강해 냄새나는 고기 요리에 잘 어울려요. 성장한 잎을 따서 말려 가루를 내어 보관하면 나중에 각종 요리의 향신료로 사용하거나 허브 소금을 만들 수도 있어요. 돼지고기를 찔 때 솔잎을 고기 위에 덮거나 아래에 깔아 놓으면 솔향이 배어 누린내가 나지 않듯, 유럽에서는 세이지를 많이 활용한다고 해요. 이런 이유로 고기를 먹은 날은 꼭 세이지 차를 마십니다. 온몸을 휘감는 고기 냄새를 세이지 차로 조금이나마 중화시키고 싶어서요.

❹ 허브 소금 만드는 방법

사람마다 허브의 맛과 향을 좋아하는 취향이 다릅니다. 가족들이 공통으로 좋아하는 허브를 골라 키우면 함께 차를 마셔도 즐겁지요. 좋아하는 공통의 관심사가 있으면 가족애가 생기니까요.
허브가 풍성하게 자라는 맛있는 시기에 잎을 따서 실온에서 말려 허브 소금을 만들어 보관해도 좋습니다. 시중에 판매되는 허브 소금의 맛과 비교할 수 없을 만큼 부드럽고 건강한 맛이 납니다. 직접 제조해서 먹다 보면 지금까지 먹었던 허브 소금에 첨가물이 들어 있음을 짐작할 수 있습니다. 어렵지 않으니 자신이 좋아하는 허브를 골라 만들어 봐요.

① 말린 허브를 작은 믹서로 곱게 갈아요.

② 굵은 천일염도 믹서나 절구에 넣어 빻아 줍니다. 이때 소금의 굵기는 취향껏 조절하면 됩니다.

③ 허브 1:소금 1 또는 허브 2:소금 1 등의 원하는 비율로 섞어 실온에서 말립니다. 소금을 갈면 수분이 나옵니다. 눅눅해진 허브 소금을 넓게 펼쳐 그늘에서 말린 후 통에 넣어 보관합니다.

④ 강한 허브 향이 싫은 분들은 허브 1:소금 2의 비율로 팬에 올려 살짝 볶아 줍니다. 그러면 비릿한 허브 향을 날려 보낼 수 있고, 눅눅해진 소금은 구운 소금이 돼 더 고소한 맛이 납니다. 충분히 식힌 후에 밀봉해서 보관합니다.

❺ 레몬 밤

레몬 향을 좋아하면 레몬 밤 허브를 심어 보세요. 가지가 사방으로 퍼지면서 무성하게 잘 자랍니다. 씨앗을 뿌려 키워도 좋고, 꺾꽂이와 포기 나눔 재배가 가능할 정도로 왕성한 번식력에 키우는 재미가 쏠쏠합니다. 그리고 넓은 잎을 손으로 비비면 향긋한 레몬 향에 마음이 편안해지고 기분이 좋아집니다.

물론 잎을 따다 말려 따뜻한 차로 마셔도 좋습니다. 레몬 밤을 말리면 대부분 허브가 그렇듯 고유의 색이 변색됩니다. 하지만 말린 레몬 밤에 뜨거운 물을 부으면 고유의 초록색이 돌아와 생 잎을 따서 넣은 건지, 말린 잎을 따서 넣은 건지 헷갈리기도 해요.

❻ 장미 허브

장미 허브는 먹을 수 없지만 거실의 방향제 역할을 합니다. 장미 허브를 침대 가까이에 놓고 누우면, 밤에 산소를 배출하는 허브 특성상 온몸으로 향기를 내뿜는 것을 느낄 수 있어요. 마치 방향제 자동 분사기처럼 향을 내뿜는답니다. 그러고 잠잠해졌다가 얼마 지나지 않아 또 한꺼번에 허브 향을 방출시킵니다. 밤에 호흡하는 겁니다.

향이 좋아 침실에 종종 장미 허브 화분을 들입니다. 머리 가까이 너무 큰 화분을 두는 건 향기에 취할 수 있으니 작은 화분을 적당한 거리에 놔두면 안전합니다. 아이들 책상 위에 허브를 두면 심신이 안정돼 집중에 도움이 된다고 해서 가끔 배치했어요. 그런데 딸아이가 향이 너무 좋아 오히려 집중에 방해된다고 해서 요즘은 들이지 않습니다.

과일 씨앗
버리지 마세요

_ 세월이 키워 준 반려식물

"엄마는 화초가 좋아? 내가 좋아?"

화초에 빠져 있을 때 다섯 살이던 딸아이가 물었습니다. "물론 우리 딸이 좋지!"라고 말하며 여전히 시선과 손은 화초를 향해 있었어요. 그랬더니 질투 어린 말로 "그럼 왜 나는 안 봐?"라고 말합니다. 저는 얼른 딸을 힘차게 안아 주며 "엄마는 화초보다 우리 딸이 더 좋아"라며 큰 미소를 지었더니 아이 얼굴에 안도의 꽃이 피었지요.

그때 그 시절 다섯 살 꼬마가 성장해 지금은 열일곱 살이 됐습니다. 이제 다 컸으니 엄마를 두고 화초에 질투를 하지 않겠지 하고 생각했는데 어느 날 영화를 보며 투덜거리네요. "엄마, 텔레비전 주위에 식물이 너무 많아 영화에 집중이 안 돼." 사실 저의 시선은 벽 선반에 걸려 있는 식물들을 보며 흐뭇해하고 있었어요. 근데 딱 들켰습니다. 저는 가족들 눈치를 받으면서 키울 정도로 식물을 무척 좋아합니다. 집에는 17년 동안 키운 고무나무도 있고, 15년 동안 키우고 있는 거대한 금전수도 있고, 10년 동안 키우는 천장에 닿을 듯한 행운목도 있습니다. 그리고 세월이 키워 준 다양한 반려식물도 있지만, 유행하는 식물을 보면 또 키우고 싶은 마음이 앞서네요.

이제 화초가 죽어 나가서 생긴 빈 화분에 헛헛한 마음을 달래기 위해 과일 씨앗을 심습니다. 그랬더니 예상치 못한 키우는 과정의 재미에 폭 빠져버렸습니다. 여러분도 과일 씨앗을 버리지 말고 빈 화분에 심어 보세요.

Think

여러분들은 낯선 곳에 가면 가장 먼저 무엇을 보시나요? 저는 그 지역에서 재배되는 과일나무를 봅니다. 과수원 원두막에 올라 복숭아를 먹으며 친구들과 놀았던 그림 같은 추억 때문인지 유독 과일나무를 좋아해요.

7년 전 모로코 페스의 한 호텔 정원을 거닐다 레몬트리를 처음 봤어요. 향긋한 노란색 열매에 첫눈에 반해 레몬트리 주위에서 오랜 시간 맴돌았어요. 그리고 지중해의 강렬한 빛을 받고 자란 단맛이 강한 오렌지 주스 맛에 반해 북아프리카를 여행하는 내내 오렌지를 먹었습니다. 수입해서 먹는 오렌지 맛과 차원이 달랐지요. 서울에서 먹는 귤 맛과 제주도 귤밭에서 먹는 귤 맛의 차이처럼요.

튀니지 수스행 기차를 타고 여행할 때는 올리브나무에 반했어요. 나뭇가지에 오밀조밀 붙어 있는 까만 열매를 보니 뽕나무의 오디 열매가 생각나더군요. 물론 흔히 볼 수 있는 뽕나무와 생애 처음 본 올리브나무에서 느끼는 감성 차이는 매우 컸습니다. 그리고 튀니지와 이탈리아에서 먹어 본 절인 올리브는 적당히 짜고 과육은 찰지며 고소한 맛이 강해 잊히지 않았습니다.

이런 경험 때문일까요? 아니면 추억이 그리워서 그런 걸까요? 열대 과일 씨앗만 보면 빈 화분에 심고 싶어지네요. 소소한 즐거움에 오늘도 과일을 먹고 버리는 씨앗을 빈 화분에 묻어 둡니다.

Zero Waste Tip

❶ 레몬트리

레몬 씨앗은 계절에 구애받지 않고 언제든지 씨앗 발아가 가능합니다. 수육을 해 먹거나 오이피클을 담글 때 월계수 잎이 없으면 레몬 잎으로 대체해서 사용할 수도 있어요. 주전자에 여린 레몬 잎 한 줌을 찢어 넣고 푹 끓이면 레몬 잎 차가 됩니다.

[레몬 씨앗 발아]

① 레몬에서 빼낸 씨앗은 껍질을 벗기기 쉽게 실온에서 말려요.

② 겉껍질을 벗겨 내어 키친타월에 간격을 두고 씨앗을 올려놓은 다음, 물을 촉촉이 뿌리고 나서 키친타월로 덮어 줍니다.

③ 통에 넣어 어둡고 따뜻한 장소에 보관합니다.

④ 겨울에는 약 1~2주, 여름에는 약 2~3일 후 열어서 확인합니다. 자주 들여다보면 세균 침투로 곰팡이가 생길 수 있어요.

⑤ 발아가 되면 흙에 넣어 심고 당분간 저면관수*로 키웁니다.

⑥ 흙 위로 싹이 보이면 이때부터가 중요해요. 싹이 마르지 않게 자주 분무해 줍니다. 여름이면 젖은 흙에 곰팡이가 생길 수 있으니 바람이 통하는 곳에 화분을 놔두면 좋습니다.

⑦ 잎이 두세 장 나기 시작하면 흙을 보충해 줍니다.

* 저면관수 : 토양의 물을 이용해 밑에서부터 물을 흡수하게 하는 것.

❷ 아보카도 나무

아보카도 씨앗은 더운 날 발아가 잘됩니다. 흙 속에 씨앗을 꽂아 저면관수로 키워도 좋습니다. 약 2주 뒤 씨앗을 뽑아 보니 뿌리가 자라고 있었어요. 싹은 뿌리보다 늦게 올라와 매일 분무하며 기다리니 2주 뒤 싹이 보였답니다.

[물꽂이로 아보카도 키우기]

① 아보카도 씨앗을 실온에 놔두면 겉껍질이 마릅니다. 마른 껍질을 뿌리와 싹이 나오는 부분만 벗겨 낸 후 이쑤시개를 사방으로 꽂아 줍니다.

② 컵에 씨앗을 이쑤시개로 걸쳐 놓고 씨앗이 반 정도 잠기게 물을 부어 줍니다.

③ 겨울에는 일주일에 한 번씩, 여름에는 매일 물을 교체하며 물이 탁해지지 않게 관리합니다.

④ 겨울에는 약 두 달 이상, 여름에는 약 한 달이 지나면 싹이 올라옵니다.

⑤ 따뜻한 봄에 뿌리가 나왔을 때 바로 흙에 심어서 키우면 좀 더 빨리 싹을 틔웁니다.

⑥ 물꽂이로 키운 아보카도 씨앗을 흙에 옮겨 심으면 당분간 세심한 관리가 필요합니다. 두세 마디가 생기기 전까지 수분에 신경을 써야 싹이 마르지 않습니다. 일정 부분 클 때까지 저면관수로 키워도 좋습니다. 흙과 씨앗 부분에 하얀 곰팡이가 보이면 걷어 내고 바람을 충분히 쐬어 줍니다.

❸ 애플 망고

호주 시드니로 가족 여행을 갔을 때였어요. 마트에 먹거리를 사러 갔다가 애플 망고를 보고 두 번 놀랐습니다. 딸아이 얼굴만큼 큰 크기에 놀라고 저렴한 가격에 또 놀랐습니다. 1인 1망고를 하려고 세 개를 샀지만 먹는 데 3일 걸렸습니다. 그때 추억이 그리워 선물 받은 애플 망고 씨앗을 발아시켰어요. 하지만 나무로 키우지는 못했어요. 망고 특유의 균 때문에 잎을 피우지 못하고 두 번이나 썩어 버렸어요. 이 시점에 균을 제거하는 약을 뿌려 줘야 한다고 해요. 그래야 잎을 피울 수 있다고 하네요. 두 번의 아쉬움이 남지만 언젠가는 다시 꼭 도전해 보려 합니다.

❹ 밤나무

냉동실에 얼어 있는 밤도 싹을 틔울 수 있을까? 궁금해서 빈 화분에 심었습니다. 2년 묵은 밤이었지만 아주 쉽게 싹이 올라왔어요.
차가운 냉동고에서 따뜻한 실내로 나오니 발아가 빨랐습니다. 밤나무가 베란다에서 1m가량 크는데 두 달이 채 걸리지 않았어요. 성장 속도가 빠른 만큼 하루에 두 번씩 물을 공급해 줬습니다. 그러지 않으면 잎이 아래로 처지고 마른 잎을 떨어뜨리곤 했지요. 그래서 더는 키우지 못하고 산으로 돌려보냈습니다. 계속 키우면 폭풍 성장으로 지붕까지 뚫을까 봐 겁이 나더군요.

❺ 감나무

단골 미용실 원장님이 단감을 먹고 씨앗을 화분에 꽂아 놨는데 발아가 됐다고 해요. 머리하러 갈 때마다 들여다봅니다. 반질반질한 감잎 두 장이 1년이 지나도 그대로 있었어요. 1년 이상 크지도 죽지도 않고 마치 분재처럼 크고 있었어요. 주위를 둘러보니 바람과 빛이 많이 부족해 보였는데 감잎에 윤기가 흐르고 있었어요. 여쭤 보니 빛의 양분이 부족한 환경 탓에 물로 양분을 공급한다고 해요. 식물 영양제도 주고 차를 마시고 남으면 그 물을 희석해서 뿌려 준다고 합니다. 저도 앙증맞은 감잎을 보니 키우고 싶어 물을 자주 먹는 화초 옆에 감 씨앗을 꽂아 놨어요. 그랬더니 설날 전에 싹이 올라와 있었고, 지금은 잎이 제법 컸어요.

Part 3.

친환경 미니멀 라이프

나만의 살림 자아 만들기

미니멀 라이프를 하려면 필연적으로 물건을 비워야 합니다. 가볍게 살기 위해 쓰레기를 만들어 내는 셈이죠. 버릴 만한 물건을 찾아 집 안을 둘러보지만, 새것처럼 멀쩡한 물건을 버리려니 마음이 무거워집니다.

그래서 생각한 것이 버리지 않고 응용하는 미니멀 라이프입니다. 우연히 전면 동화책 책꽂이를 플레이팅 접시꽂이로 사용하게 되면서 깨달음을 얻을 수 있었습니다. 쓸모를 다한 멀쩡한 물건을, 다른 필요한 용도로 활용하면 된다고 생각한 것이지요. 있는 물건을 버리지 않아 좋고, 필요한 물건을 새로 살 필요도 없어 좋습니다.

깨달음을 얻은 이후 살림이 점점 재미있어지고 사소한 것에 의미를 부여하게 됐습니다. 사용하지 않고 넣어 둔 물건을 하나씩 꺼내어 아이디어를 떠올리기 시작했습니다. 심지어 버리는 물건도 어떤 곳에 쓰면 좋을지 골똘히 생각했지요. 옛날에는 필요한 물건이 생기면 마트나 생필품을 판매하는 곳으로 달려갔는데 이제는 집 안을 샅샅이 찾아봅니다. 분리수거 함에 넣어 둔 물건을 꺼내어 다시 사용하기도 하고, 아이디어가 떠오르지 않아 과감히 버렸던 물건을 그리워하기도 합니다.

이런 경험이 쌓이니 점점 살림 응용력이 늘어나더군요. 그러다 보니 버리는 물건이 점점 줄었고, 새 물건을 구입하는 일도 현저히 줄어들었습니다. 물건을 들이고 버리는 것에 균형을 맞추었을 때쯤 이런 생각이 들었어요. 나만의 친환경 미니멀 라이프를 그려 보자! 쓸모 있는 물건을 몽땅 버리는 텅 빈 미니멀 라이프가 아니라 방치된 물건에 새 쓰임을 찾아주는, 쓰레기와 소비를 줄이는 친환경 미니멀 라이프를.

신중한 소비로 늘어나는 물건을 최소화하고, 있는 물건의 쓰임 변경으로 버림받는 물건을 소생시키면, 쓰레기도 줄이고 소비도 줄이는 일석이조의 친환경 미니멀 라이프가 아닐까 하는 생각이 들었습니다. 이렇게 꾸준히 실천하면 머지않은 훗날 자연스럽게 미니멀 라이프적 삶을 살게 될 것이란 느낌이 들었습니다. 영원한 물건은 없으니까요. 언젠가는 고장이 나고 부러져서 하나씩 비워지게 될 테니 말이지요.

깃든 추억과 이별하는 것
물건을 버리는 건

쓸모를 다한 물건의 재탄생

_ 전면 동화책 책꽂이의 추억 소환

미니멀 라이프를 하겠다고 집 안을 둘러봤습니다. 더 이상 사용하지 않는 물건이 뭐가 있나 보는데, 어릴 적 아이가 쓰던 물건이 가장 눈에 띄었습니다. 전면으로 책을 꽂는 동화책 책꽂이였어요. 버릴 구실을 찾아야 했습니다. 10년 넘게 사용했으니 멀쩡하지 않을 거란 추측으로 요리조리 살펴봤지요. 수평이 맞지 않아 뒤뚱거리지는 않는지, 소재가 철로 돼 있으니 찌그러지거나 녹이 슬지는 않았는지 세심히 살펴보니 새것처럼 멀쩡했습니다. 그렇다고 멀쩡한 물건을 버리려니 마음이 무겁고 죄책감이 밀려왔습니다. 일단 버리지 않고 좀 더 두고 보기로 합니다.

저는 음식을 큰 접시에 플레이팅 해서 먹는 걸 좋아합니다. 그래서 작은 접시보다 대형 접시를 자주 사용합니다. 그런데 보관할 때마다 늘 불편했습니다. 포개어 그릇장 한쪽에 얹어 놓으면 문이 안 닫히고, 냄비를 보관하는 넓은 공간에 함께 넣어 놓으니 꺼낼 때마다 부딪쳐서 늘 접시를 내리고 올리기를 반복합니다. 그래서 예쁜 그릇장을 하나 구입하기로 마음먹었습니다. 당장 사는 건 아니지만 구입 후 실패율을 낮추기 위해 그릇장의 모양과 크기를 예상하고 미리 찾아보곤 했습니다.

그러던 중 전면 동화책 책꽂이와 플레이팅 접시가 순간 머릿속에서 오버랩되는 경험을 했습니다. 동화책 책꽂이에 접시가 전면으로 하나씩 꽂혀 있고, 책을 뽑듯 접시를 뽑아 쓰는 상상을 하니 머리카락이 쭈뼛 서더군요. 그래서 플레이팅 접시를 동화책처럼 앞을 향해

하나씩 꽂아봤습니다. 그림 동화책 표지처럼 접시에 그려진 그림을 앞에서 볼 수 있어서 좋았고, 넣고 꺼낼 때 다른 접시와 부딪치지 않아서 좋았습니다. 쓸수록 신기하고 재미있어 만족도가 높았습니다. 하마터면 버릴 뻔한 전면 동화책 책꽂이가 세상 어디에도 없는 접시꽂이로 탄생하는 순간이었습니다.

전면 동화책 책꽂이를 플레이팅 접시꽂이로 쓰임 변경해서 매일 사용하다 보면 어릴 적 아이의 모습이 자연히 떠오릅니다. 사진과 동영상으로 모든 일상을 남길 수 없지만, 오래된 물건을 보고 사용할 때 좋았던 추억을 떠올리기도 하지요. 그래서 그때도 좋았고 지금도 좋은 물건은 더 오랫동안 사용할 수 있게 조심합니다. 고장이 나면 버려야 하니까요. 버리면 그 물건에 깃든 추억도 버리게 되니까 더 소중하게 다룹니다. 살림 응용으로 다른 곳에 쓰임을 찾는 것은 살림이 재미있어지는 또 다른 방법입니다.

그렇다고 모든 물건을 다 간직할 수 없습니다. 쓰임이 끝났거나 더 이상 필요 없는 물건은 비웁니다. 그동안 충실하게 사용했기에 미련이 남지 않을 때는 '그동안 고마웠어, 잘 가' 하고 마음으로 인사를 합니다.

미련보다 미안한 마음이 들 때도 있습니다. 20년 동안 사용한 사무용 컴퓨터 책상을 최근에 버릴 때 그랬습니다. 옛날 컴퓨터 모니터는 브라운관 모니터라 큰 책상이 있어야 얹을 수 있었어요. 색상 표현력이 다른 모니터보다 월등히 뛰어나 최근까지 사용하다 결국 컴퓨터와 책상을 보내야 할 때가 지나서 버리게 됐지요. 그 책상 앞에 앉아 보낸 시간이 무척 길었던 터라 버리는 게 참 미안했습니다. 20년 넘게 그 책상에 앉아 일을 했으니 그 책상만 보면 슬픔도 기쁨도 다 기억이 납니다. 우리 가족보다 더 오랫동안 함께했기에 떠나보낼 때 "그동안 정말 고마웠어, 잘 가" 하고 인사를 건넸습니다. 이렇게 오래된 물건을 버리는 건 깃든 추억과 이별하는 것입니다.

Think

아이들은 동화책 표지를 참 좋아합니다. 표지에 그려진 동물들과 말을 하기도 하고, 제목을 손가락으로 짚어 가며 글자를 잘못 읽기도 합니다. 그럴 때 전면식 책꽂이를 참 잘 샀다는 생각이 듭니다. 하지만 오래지 않아 쓸모가 없어집니다. 그림 동화책을 졸업하는 순간, 일반 책장이 들어오면서 천덕꾸러기가 돼서 쓰임을 잃게 됩니다. 새 주인을 찾아주려고 이웃에 물어보니 집마다 다 가지고 있더군요.

이럴 때 방치되거나 버릴 물건을 다른 쓰임으로 응용했더니 물건에 깃든 추억은 간직할 수 있었고, 버리는 물건은 줄일 수 있어서 좋았습니다. 시작이 반이라고 하지요? 이런 경험을 바탕으로 모든 물건의 쓰임에 경계를 없애면 쓰레기는 분명 줄어듭니다.

Zero Waste Tip

철제로 된 전면 동화책 책꽂이는 폭과 높이에 따라 접시를 꽂을 수 있는 개수가 다릅니다. 그리고 철의 무게에 따라 강도도 다른 것으로 알고 있습니다. 흔들어 보고 튼튼한지 확인하고, 찌그러진 곳은 없는지 그리고 칠이 벗겨지지 않았는지 잘 살펴보고 사용하면 좋습니다.

예쁜 그림이 페인팅된 접시를 전면으로 꽂고, 감추고 싶은 접시는 뒷면에 꽂아도 됩니다. 간격을 좁히면 굴곡 없는 접시는 두세 장까지 포개어 꽂을 수 있습니다. 바닥에 공간이 있으면 라탄 바구니나 대나무 소쿠리 종류를 보관하면 좋습니다. 큰 곰솥 냄비나 뚝배기를 보관해도 찌그러짐 없이 튼튼합니다. 이럴 때 예쁜 천으로 가리개를 설치하면 시각적으로 지저분함을 감출 수 있습니다.

---

❶ 접시가 노출돼 있으면 먼지가 쌓이지 않나요?

장시간 집을 비울 때 천을 씌워 주면 먼지로부터 접시를 보호할 수 있습니다. 하루 삼시 세끼 챙겨 먹는 경우라면 먼지 쌓일 여유가 없는 날이 대부분입니다. 하지만 가끔 사용하는 접시는 마른 천으로 먼지를 닦거나 물 세척 후 사용하면 좋습니다.

❷ 철제인데 접시의 무게에 찌그러지지 않나요?

철제 종류에 따라 찌그러질 수 있습니다. 철의 두께에 따라 강도가 다르니까요. 만약 집에 얇은 철제 책꽂이가 있으면 접시 개수에 신경 써서 사용해야 합니다.

내 손에 딱 맞는 맞춤 도구

_ 방치된 쿠키 틀 소생 작업

싱크대 수전에 걸려 있는 수세미걸이를 보는 사람들은 하나같이 "수세미걸이 어디서 샀어요?"라고 물어봅니다. 너무 편해 보인다며 어디 제품인지 물어봅니다. 그때 제가 쿠키 틀이라고 말하면 모두 놀랍니다.

설거지를 하면서 가장 만족스럽지 못한 부분이 수세미걸이였어요. 고무 재질로 만들어진 걸이도 써 보고 접착식 걸이도 써 봤지만 오래가지 못했습니다. 고무가 찢어지거나 접착이 약해져 교체해야 하는 악순환이 반복됐습니다. 어떤 수세미걸이는 너무 빨리 녹이 슬어 어쩔 수 없이 또 버려야 했습니다. 세간 살림 고르는 안목이 없는 건지, 만족할 만한 제품이 없는 건지 화가 나더군요. 물건만 제대로 만들면 버리는 쓰레기도 줄고, 사용하는 내내 만족감에 기분도 좋아지는데 오히려 짜증과 원망이 쌓였습니다.

결국 오래전에 모두 내다 버린 후, "안 사고 말지!" 하며 수세미걸이 없이 살았습니다. 하지만 설거지를 마친 후, 수세미를 어정쩡하게 방치하니 마음이 편치 않았어요. 좋은 물건, 만족할 만한 물건을 찾을 때까지 기다려야 했습니다. 그래서 집에 있는 서랍장과 주방에 꼭꼭 숨겨둔 수납함을 모두 뒤지며 수세미걸이로 쓸 만한 것이 없는지 샅샅이 찾았습니다.

손이 닿지 않는 싱크대 맨 위에 넣어둔 작은 도시락 가방을 열어 보니, 딸이 어릴 적에 열심히 쿠키를 만들어 먹이느라 쓰던 틀이 여러 개 있었어요. 사람 모양의 가장 큰 틀 속에 작은 틀이, 작은 틀 속에 더 작은 틀이 여러 개 겹쳐져 있는 것을 보고 이거다 싶었지요. 가장 큰 틀을 꺼내어 수전에 쿠키 틀을 목걸이처럼 걸어줬습니다. 안 들어가면 어쩌나 걱정했는데 다행히 맞춘 듯 딱 맞았습니다. 여기서 또 유레카를 외쳤습니다. 이 쿠키 틀 수세미걸이는 사용과 관리가 편해서 오랫동안 사용 중인데, 변형도 없고 스테인리스 재질이라 녹이 슬지 않아 만족하며 잘 사용하고 있습니다.

방치된 쿠키 틀 소생 작업 후 설거지를 할 때마다 삶의 질이 수직 상승된 듯 기분이 좋아집니다. 만족스러운 살림은 바로 이런 게 아닐까요? 사용할 때마다 기분이 좋고 오랫동안 함께해도 부족함이 없어 싫증 나지 않는, 그래서 더 오랫동안 간직하고 싶어 소중히 다루게 되는 물건에서 살림의 만족도가 높아지는 것 같아요.

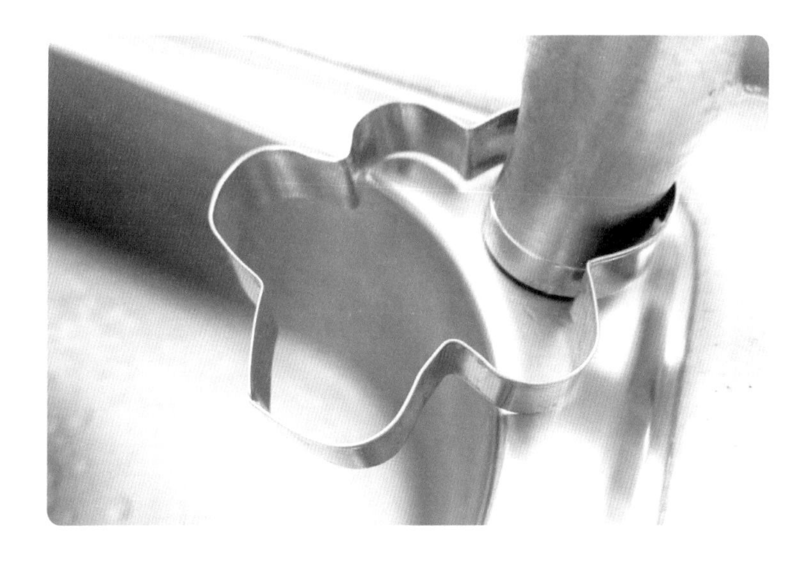

큰 틀로 딱 한 번 사람 모양 쿠키를 만든 적이 있었어요. 딸이 열 살 때 크리스마스 전날에 눈사람을 만들어 아빠한테 선물로 준다면서 아주 두툼하고 큰 사람 모양 쿠키를 만들었지요. 두툼해서 맛은 별로였지만 고사리손으로 반죽하던 모습 그리고 아빠를 생각하며 구운 쿠키를 예쁜 눈사람으로 꾸미던 모습이 아직도 눈에 선합니다.

수세미를 걸 때마다 지난 추억이 떠오릅니다. 만약 쿠키 틀을 싱크대 구석에 방치하다가 시간이 지난 후 버렸다면 깃든 추억도 사라졌겠지요. 세상에 하나뿐인 쿠키 틀 수세미걸이도 만나지 못했을 겁니다. 살림하면서 이런 경험이 하나씩 쌓이다 보면 살림 자아가 형성돼 새로운 세간 살림을 들임에 깊은 고민을 하게 됩니다.

저는 추억이 깃든 오래된 물건을 버릴 때 한 번 더 망설이게 되고 응용할 방법을 찾으려고 합니다. 그리고 주변 지인들에게 써 보고 좋았던 경험을 말해 주면서 집에 있으면 버리지 말고 이렇게 활용해 보라고 권합니다. 제 조언을 듣고 써 보니 좋다며 지인에게 연락이 오면 “당신은 오늘 쓰레기와 소비를 줄였습니다”라고 자랑스럽게 말해 줍니다.

Think

주방 조리 도구를 스테인리스 위주로 구입하면 반영구적으로 사용할 수 있습니다. 뜨거운 물에 넣고 끓일 수도 있어 손쉽게 소독이 됩니다. 기름때가 눌어붙어도 과탄산소다 한 스푼이면 힘들이지 않고 제거할 수 있지요.

밥을 푸는 주걱도 플라스틱이 아닌 스테인리스 주걱으로 사용합니다. 나무 주걱도 좋지만 사용해 보니 습기에 취약해 관리가 어려웠습니다. 그리고 플라스틱이 혼합된 전기 포트 대신 스테인리스로 만들어진 주전자를 사용합니다.

일단 이물질이 묻으면 큰 냄비에 푹 담가 폭폭 삶아서 소독할 수 있어 관리가 수월하기 때문이지요.

Zero Waste Tip

스테인리스는 녹이 쉽게 생기지 않고 부식이 잘되지 않습니다. 내구성과 내열성이 뛰어나며 인체에 영향을 주지 않는 특징이 있습니다. 스테인리스로 만들어진 냄비와 팬을 사용하면 오랫동안 사용할 수 있는 장점이 있지요.

그래서 스테인리스로 만들어진 세간 살림은 사용하지 않게 되더라도 버리지 않고 보관하는 편입니다. 만약 몇 년 뒤 꺼내어 사용하게 될 때는 끓는 물에 넣어 10여 분 정도 소독하면 위생적입니다. 얼룩이 보이면 과탄산소다나 구연산을 한 스푼 넣어 끓여 줍니다. 사용 시 곰팡이가 보이면 꼭 끓는 물에 소독 후 재사용해 주세요.

❶ 늘 물에 젖어 있으면 녹이 슬지 않나요?

스테인리스 재질은 녹이 쉽게 생기지 않습니다. 사용 후 얼마 가지 않아 녹이 생기면 스테인리스 재질이 아닐 수 있습니다. 그러면 사용을 중단하세요.

❷ 관리는 어떻게 하나요?

평상시엔 틀을 빼내어 주방 세제로 닦아줍니다. 습한 여름철에 자주 세척하고, 주기적으로 끓는 물에 넣어 소독합니다.

물에 넣고 끓여 주기만 해도 세균을 없앨 수 있습니다. 만약 물이나 세제 얼룩이 있어 지저분해 보일 때는 구연산이나 과탄산소다를 한 스푼 넣고 끓이면 반질반질 윤이 납니다.

흩어진 추억을 하나로 모으면

_ 버릴 뻔한 아이 흔적, 하나뿐인 책이 되다

딸이 식탁에 멍하니 앉아 손가락으로 이를 흔들며 한참을 집중하더니 "엄마, 이가 흔들의자에 앉아 있는 것 같아요, 흔들흔들"이라고 말합니다. 설거지하던 중 뒤돌아보니 이를 흔들고 있는 모습이 진지해 보입니다. 아랫니가 며칠째 빠지지 않아 실로 묶어 몇 번 잡아당겨 봐도 뽑히지 않았어요. 좀 더 기다려 보자며 저도 포기했습니다. 이가 자꾸 간질간질한 모양입니다. 신경을 다른 데로 돌리면 좋을 것 같아 지금 이 상황을 일기장에 써 보라고 했습니다. 그리고 아까 했던 말이 너무 멋지다며 기억에서 멀어지기 전에 글로 남겨 보라고 했지요. 방으로 쪼르륵 가더니 몇 분 지나지 않아 공책을 가지고 나와 읽어 줍니다. 너무 멋진 생각이며 표현이라고 칭찬해 줬지요. 사실 저도 감동했습니다.

딸에게 "말은 곧 너의 생각이며, 지금은 생각을 기록하는 일이 귀찮고 번거롭지만 나중에 커서 어른이 되면 큰 추억 부자가 돼 있을 거란다"라고 말해 줬습니다. 버릴 뻔한 아이의 말 한마디를 10년 동안 모으고 모으니 동시집 두 권과 동화책 한 권이 생겼습니다. 세상에 하나뿐인 책이 됐지요.

버릴 뻔한 아이들의 흔적은 말에만 존재하는 것이 아닙니다. 아이들이 써 놓은 공책에도 있고 교과서 여백에도 있을 수 있습니다. 특히 연습장을 잘 살펴보면 보물이 가득하답니다. 유치원을 졸업하고 초등학교 입학을 앞둔 시점에 7년간의 아이 흔적들을 정리하다가 딸이 다섯 살에 사용한 공책을 펼쳐보니 보물이 숨어 있었습니

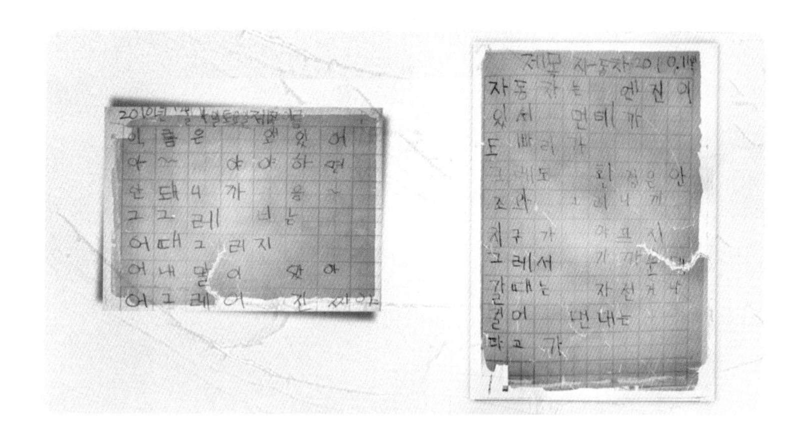

다. '이름은 왜 있어? 아~ 야! 야! 하면 안 되니까!'라고 끄적거렸던 흔적을 보고 아이의 속마음을 들여다볼 수 있었습니다. 삐뚤빼뚤 쓴 글씨도 예뻐서 간직하고 있습니다. 많지 않은 흔적이라 더 소중하게 느껴집니다.

어느 날 지인이 그러더군요. 초등학생 딸의 교과서를 보니 여백에 그림이 가득 그려져 있어 속상하다고요. 저는 그 교과서를 버리지 말고 보관하든지, 만약 책을 정리할 거면 아이가 그려 놓은 그림은 사진으로 찍어서 남겨 두라고 했습니다.

그런데 아이는 계속해서 추억을 만들어 내는데, 보관할 공간은 한정돼 있죠. 그래서 저는 아이의 흔적을 모아 책으로 만들어 보라고 추천합니다. 물건이 소중한 이유는 그것에 담겨 있는 추억이 소중하기 때문입니다. 여기저기 흩어져 있는 아이의 흔적을 하나의 책으로 모으면, 이제 나머지들은 편한 마음으로 정리할 수 있을 겁니다. 추억을 간직하면서 물건도 정리하는 일석이조인 셈이지요.

피카소는 "유명한 화가처럼 그리는 데 4년 걸렸지만, 어린아이처럼 그리는 데 평생이 걸렸다"고 했습니다. 아이들의 언어와 생각 그리고 그림은 정말 순수하고 예쁩니다. 어른들이 지켜 주고 보호해 준다면 훗날 아이들이 어른이 돼 살아갈 세상은 더욱 아름답지 않을까요?

Think

아이가 커서 "엄마, 나 어릴 적에 어땠어?"라고 물어보면 컴퓨터와 SNS에 저장된 수많은 사진을 보여주는 대신 책을 펼쳐 보여주세요. 아이가 받아들이는 감성은 더 따듯해질 겁니다. 이 책은 유일무이 세상에 하나뿐인 아이의 역사책이니까요. 아이를 위해 사진, 일기장, 그림은 남겨도 아이들의 한마디 말을 남기는 부모님을 본 적이 없었습니다. 아이들이 툭 던지는 말 한마디가 가슴에 와닿았다면 기록해서 남겨 두라는 당부를 드리고 싶어요. 한글을 모르는 미취학 아동들은 부모님이 기록해 주고, 초등학생이 되면 일기장에 스스로 기록할 수 있게 조언하면 자연스럽게 기록하는 습관이 길러지게 됩니다.

Zero Waste Tip

❶ 책은 어떻게 만드나요?

저는 포토샵으로 이미지와 글을 삽입해서 책을 만들었습니다. 포토샵을 사용할 줄 아는 분들은 컴퓨터에 저장된 아이 사진으로 포토 에세이를 만들어도 좋습니다. 기억에 남는 아이들의 한마디 말이나 아이가 일기장에 써 놓은 글로 포토 에세이 페이지를 꾸미면 멋진 앨범이 됩니다. 하지만 포토샵이나 그래픽 프로그램을 사용할 수 없는 분들은 문서 프로그램이나 파워포인트로도 제작 가능합니다. 그리고 요즘에는 간단하게 어플로 사진을 업로드하면 사진집을 만들어 주는 업체도 생겼으니, 자신에게 맞는 방법을 찾아보면 됩니다.

수작업으로 만드는 방법도 있습니다. 원하는 크기의 노트에 아이가 그린 작은 그림을 잘라서 붙이고, 글은 손글씨로 예쁘게 꾸미는 것이지요. 스케치북에 그려진 그림은 사진으로 찍어 작게 출력할 수도 있습니다. 작은 사진으로 인화해서 붙여도 좋지요. 글보다 그림 그리기를 좋아하는 아이라면 그림 에세이, 그림보다 글이 많은 아이라면 글을 중심으로 한 에세이를 만들어 보세요.

❷ 출력은 어디서 하나요?

인터넷으로 검색하면 인쇄소에 책과 앨범을 출력하는 곳이 있습니다. 전화 상담 후 데이터를 보내면 출력해 집으로 배송됩니다.

❸ 책 한 권도 출력을 해 주나요?

책의 권수와 크기 그리고 페이지 수에는 제한이 없습니다. 한 권도 출력이 가능합니다. 다만 크기, 페이지 수, 종이 종류, 커버 종류에 따라 출력 가격이 다릅니다. 저는 A4 용지 재질에 소프트 커버를 선택했기 때문에 저렴하게 출력할 수 있었습니다. 고급 재질과 하드커버 그리고 페이지 수가 증가하면 단가도 올라갑니다. 동화책은 페이지 수가 적어 하드커버로 제작했고, 동시집 두 권은 페이지 수가 많아 소프트 커버로 제작했습니다.

쓰레기를 줄인다
경계 없는 물건 활용은

유행 지난 물건들이 만났을 때

_ 청바지 입은 화분

화초를 키우다 보니 화분에도 유행이 있음을 알았습니다. 오래전에 크기별로 샀던 노란 화분이 시간이 지남에 따라 미워지더군요. 그렇다고 버릴 수도 없고, 이웃에 줄 수도 없었습니다. 노란 화분 속에 17년 동안 금전수를 키우고 있습니다. 분갈이 없이 한 화분에서 잘 자라고 있고, 해마다 하얀 꽃을 피웠다가 꽃이 지고 나면 더 큰 줄기가 올라옵니다. 혹여 다른 화분에 옮기면 죽을 것 같은 걱정에 분갈이를 못 하고 있습니다. 그것이 바로 제 취향 변화로 오래된 화분을 버리지 못하는 이유이기도 하지요.

그리고 어느 해, 청바지처럼 생긴 화분이 유행한 적 있었습니다. 멀리서 보면 꼭 청바지를 입혀 놓은 듯해 가까이 다가가 보면 도자기로 만든 청바지 모양 화분이었지요. 독특해서 하나 사고 싶었지만, 손으로 빚었는지 만만한 가격이 아니어서 못 샀던 기억이 납니다.

그때 가지고 싶었던 청바지 화분에 미련이 남아 유행 지난 청바지를 꺼내어 잘랐습니다. 노란 화분에 청바지를 입혀 보니 맞춤한 듯 딱 맞았습니다. 1990년 중반에 유행했던 물 빠진 청바지였습니다. 추억이 많이 깃든 바지라 버리지 못하고 보관하고 있었어요. 화분에 청바지를 입혀 훅을 걸고 지퍼를 올리니 오래전 한때 갖고 싶었던 청바지 화분처럼 보였습니다. 어찌나 마음에 들던지 사진을 찍어 언니들한테 보냈습니다. “어, 예쁘네. 요즘도 청바지 모양 화분이 나오나?” 하고 묻습니다. 내 청바지를 잘라서 화분에 입혔다고 하니 판매하는 화분처럼 보인다며 신기해했답니다.

유행 지난 화분에 유행 지난 청바지를 입혀본 후 큰 깨달음을 얻었습니다.

'내 취향이 유행에 따라 움직이면 늘어나는 건 쓰레기와 소비뿐이겠구나!'

물건의 쓰임에 경계를 없애면 쓰레기와 소비가 줄어듦을 느꼈습니다.

아무리 추억이 많은 청바지라도 서랍 속에 오랫동안 넣어 두면 짐이 됩니다. 하지만 화분에 옷을 입혀 놓으니 볼 때마다 즐거웠던 추억이 떠오릅니다. 너무 오래된 청바지라 가슴에 두근거림이 생기지는 않지만, 나도 한때 유행에 발맞추고 살았던 청춘이 있었음을 잊지 않고 일상을 살아갈 수 있었습니다. 이런 소소한 재미는 마음이 젊어지는 원동력이 되기도 하지요.

Think

청바지는 어떤 화초에도 잘 어울리지만, 특히 선인장과 찰떡궁합입니다. 그리고 블랙과 그레이로 인테리어를 한 집에는 블랙과 그레이 톤의 청바지를 활용하면 잘 어울립니다. 집의 분위기가 화이트 콘셉트면 빈티지한 흰색이나 아이보리색 청바지가 좋습니다. 주머니 모양이 독특한 청바지라면 활용에 더욱 빛을 발합니다. 밝은 블루 계열 청바지는 어디에나 잘 어울리지요. 우리 집 분위기에 맞게 청바지 색상을 잘 골라서 화분에 입히면 독특한 빈티지 인테리어를 연출할 수 있습니다.

그리고 청바지 주머니를 잘 활용하면 아주 유용한 수납함이 됩니다. 청바지 입은 화분을 소파 옆에 두고, 주머니에 리모컨을 넣어 사용하세요. 리모컨 찾을 일이 줄어듭니다. 공부하는 아이 책상 위에 두고 주머니에 볼펜, 형광펜, 가위 등 문구류를 넣어 사용해 보세요. 꺼내 쓰기도 좋고 많은 물건을 수납할 수 있다는 장점이 있습니다. 그리고 안방 침대 옆에 두고 주머니에 휴대폰을 넣어 사용하세요. 불시에 반짝이는 휴대폰의 불빛을 차단해 줍니다. 충전기 선을 벨트 고리 사이로 지나게 하면 선 정리도 됩니다. 아주 재미있고 독특한 수납을 할 수 있어요.

유행 지난 청바지와 유행 지난 화분의 만남으로 세상 어디에도 없는 하나뿐인 나만의 화분을 만들어 보세요. 싫증 난 화분과 버려질 청바지를 지킬 수 있습니다. 그리고 무엇보다 경계 없는 물건 활용으로 쓰레기와 소비를 줄일 수 있답니다.

Zero Waste Tip

❶ 청바지 화분은 어떻게 만드나요?

유행 지난 청바지에 미련이 남아 버리지 못하고 보관해 둔 청바지가 한 두 벌은 있을 것입니다. 우선 화초의 자태와 잎의 색상에 따라 청바지 색을 고릅니다. 그런 다음 화분 둘레와 청바지 허리둘레가 맞는지 재어 봅니다. 그리고 화분에 청바지를 입힌 후, 화분 밑단까지 길이를 재어 5cm가량 여유분을 남긴 후 자릅니다. 남긴 5cm 밑단을 안으로 접고 재봉틀이나 손바느질로 꿰매 주면 됩니다.

❷ 자투리 청바지는 어떻게 활용하나요?

청바지 화분을 만들고 나면 두 다리 부분이 남습니다. 남는 자투리는 바지 밑단을 최대한 살려서 투명 페트병에 입히면 멋진 디자인의 화분이 됩니다. 일회용 플라스틱임을 아무도 모를 정도로요. 투명한 페트병의 특성상 흙이 보여 지저분해 보일 수 있는데 이렇게 활용하면 흙이 보이지 않는다는 장점이 있습니다. 특히 아이들이 입었던 청바지들은 대부분 신축성이 좋아 화분에 입혀 놓으면 정말 예쁩니다.

❸ 화초에 물을 줄 때는 어떻게 관리하나요?

물뿌리개로 화초에 물을 주는 날은 청바지를 굳이 벗기지 않아도 됩니다. 청바지 속에 화분과 물 받침이 있어서 평소대로 물을 주면 됩니다. 하지만 샤워를 시키고 싶을 때는 청바지를 벗겨낸 후 물을 뿌려줍니다. 이런 날은 청바지에 붙은 먼지도 탈탈 털어 내거나 세탁기에 넣어 세탁해 줘도 됩니다.

경험이 부족하면 쓰레기가 생긴다

_ 와인 랙, 행주걸이로 변신

텅 빈 신혼집에 세간 살림을 채우기 위해 발품을 팔았던 기억이 납니다. 그때는 감성이 이성을 지배하던 시절이라 허세를 떨며 물건을 구매했어요. 실용적이지는 않지만 일단 예쁘고 갖고 싶은 물건을 골랐고, 예쁘게 페인팅된 국그릇과 밥그릇에 반해 덥석 주문하고서는 후회를 겪기도 했지요.

뜨거운 밥과 국을 담았을 때 그릇을 잡을 수 없을 만큼 뜨거운 열이 전도되는지 체크하지 못했습니다. 그때는 몰랐으니까요. 친정집 국그릇은 뜨겁지 않아서 다 그런 줄 알았습니다. 아무것도 모른 채 그릇에 국을 담고 두 손 모아 잡았다가 "앗 뜨거워" 하며 그대로 놔 버렸습니다. 당연히 쨍그랑 하고 깨졌던 기억이 납니다. 친정 엄마가 집에 와서 둘러보시며 그릇들을 하나하나 들었다 놨다 하더니 "이렇게 무거운 그릇을 들려면 밥 두 그릇은 먹어야겠다"라고 하십니다. 그러고는 돌아가 택배로 가볍고 뜨겁지 않은, 그리고 떨어뜨려도 깨지지 않는 그릇을 사서 보내셨습니다.

문양과 디자인이 구식이라 그때는 싫어했지만 살림 경험자의 선택은 탁월했습니다.

'가볍고 뜨겁지 않고 깨지지 않는다니. 세상에 이런 그릇도 있구나!'

실용성을 따지지 않고 충동 구매한 물건들은 얼마 지나지 않아 하나둘 버리게 되더군요. 부족한 경험은 쓰레기 발생을 초래한다는 것을 깨달았고, 이제는 필요한 물건이 생기면 기억해 놨다가 아주

천천히 그리고 신중히 구매하게 됐습니다. 살림 장만에도 요령이 필요함을 절실히 깨달았습니다. 그래야 실패할 확률이 줄어드니까요.

그렇게 살림 초보 시절에 구매한 와인 랙은 석 달 만에 천덕꾸러기가 됐습니다. 와인을 꽂아 놓으면 먹기 바빴습니다. 있으면 먹어야 한다는 습성 때문에 빈 병이 꽂혀 있는 날이 더 많았지요. 석 달 후에는 "왜 샀을까?"라며 후회하고 말았습니다. 좁은 싱크대와 서랍장 위에 쓰임 없이 굴러다니다 자리만 차지했지요. 결국 보이지 않게 창고에 넣어뒀습니다.

몇 년 뒤 넓은 평수의 집으로 이사를 했는데, 주방에 행주를 걸 곳이 없었습니다. 그래서 주방용품 사러 갈 때 마음에 드는 행주걸이가 있는지 살펴봤지만 1년 동안 만나지 못했습니다. 그러다가 놀고 있는 와인 랙을 떠올리게 됐습니다. 방치된 와인 랙을 꺼내어 주방 창가에 둬 보니 규격이 딱 좋습니다. 육각형 벌집 모양이라 X자 행주걸이보다 튼튼하고 안정적이었지요.

그 후 행주걸이를 더 이상 찾지 않게 됐고 창고에 방치된 물건만으로 또 다른 소비를 막을 수 있었습니다. 만약 그때 버렸으면 아직도 행주걸이를 찾고 있을지도 모릅니다. 물건을 살 때는 좀 게을러도 좋습니다. 시간을 버는 거니까요. 현명한 게으름으로 충동구매는 줄고, 대체품 활용은 늘었습니다.

Think

"행주걸이 어디서 샀어요?"

벌집 모양이라 튼튼해 보인다며 어디서 샀는지 질문을 많이 받았습니다. 사용하지 않는 와인 랙을 활용해서 행주걸이로 사용하고 있다고 했습니다. 만약 저처럼 와인이 좋아 와인 랙을 구매해 놓고도 잘 사용하지 않는 분들이 계시면 행주나 수세미걸이로 활용해 보세요. 소재 특성상 물로 자주 씻지 말고, 가끔 깨끗한 행주로 가볍게 닦아 주세요. 먹다 남은 소주를 마른 천에 묻혀 닦아 줘도 됩니다. 물로 자주 씻으면 소재가 철이라 녹슬어 코팅이 벗겨진 틈 사이로 녹물이 빠져나올 수 있습니다. 3구 와인 랙은 행주 다섯 장을 걸 수 있는 선이 있습니다. 행주와 수세미를 걸어 베란다에 놔두면 안정적인 구조라 바람에 넘어지지 않는 장점도 있지요. 굳이 구매해서 사용하지 말고 있는 물건을 활용해 보세요!

Zero Waste Tip

❶ 와인 랙 vs. 행주걸이 어떤 걸 사야 하나요?

물론 스테인리스로 만들어진 행주걸이를 구매하셔야 합니다. 집에 사용하지 않는 와인 랙이 있으면 대체해서 사용하면 좋지만, 굳이 와인 랙을 사서 행주걸이로 쓰는 것은 추천하지 않습니다. 그 이유는 소재에 있습니다. 와인 랙은 스테인리스 소재로 만들어진 게 아니라 철에 코팅을 입혀놨기 때문에 오랫동안 사용하면 하얀 코팅이 벗겨집니다. 물론 코팅이 잘된 건 오랫동안 사용할 수 있습니다. 저는 10년 가까이 사용하고 있지만, 곧 코팅이 벗겨지면 다시 칠해야 하는 상황이 생길 수 있습니다.

버리지 않고 응용하기

_ 브래드 박스에 빵은 없고, 수저만 있네

오래전 집들이 선물로 빵을 넣어 보관하는 '브레드 박스'를 선물 받았습니다. 원목으로 만들어져 나무 향이 나고 나무의 결이 예쁩니다. 튼튼하고 디자인이 세련돼서 식탁 한구석에 놔도 좋고, 싱크대 위에 올려놓으면 차가운 스테인리스 재질의 주방 기구들 사이에서 자연 친화적인 느낌이 들어 안정감을 줍니다.

문제는 빵을 넣어서 보관하는 횟수가 많지 않다는 것이었습니다. 주식이 빵인 서양인들에게 브레드 박스는 한국 가정의 전기밥솥처럼 쓰이겠지만, 빵을 간식으로 먹는 우리 집에서는 쓰임이 빈번하지 않았어요. 특히 수분이 많이 함유된 빵은 보관하기에도 적절하지 않았습니다. 우리가 즐겨 먹고 좋아하는 빵들은 유분이 많아 브레드 박스에 보관해 보니 기름 냄새가 나무에 배어 더 좋지 않았고요.

그래서 어느 날 담백한 빵을 사서 넣어 놓고 먹어 보니 빵이 바싹 말라 버렸습니다. 그 후 포장째로 놓고, 나중에 문을 닫으니 빵이 안에 있는지도 모르고 기한을 넘겨 버린 날도 있었습니다. 브레드 박스 자체는 참 예쁜데 실용적이지 못함에 안타까워 많은 고민을 합니다.

'흠, 이걸 어디다 쓰지?'

아이가 어릴 적에는 자주 먹던 주전부리를 넣어 놓기도 했습니다. 어느 날은 행주와 앞치마를 접어서 수납하기도 하고, 후추나 허브 소금 등 작은 통에 담긴 양념통 보관함으로 사용하기도 했지요.

그러던 어느 날 밥을 먹으려고 식탁에 앉았는데 아이가 "엄마, 포크 떨어뜨렸어요. 새 포크 주세요" "엄마, 물컵 주세요" 등 이런저런

부탁을 했습니다. 밥을 먹다 말고 수시로 일어났다 앉았다 반복하는 게 귀찮았어요. 그래서 식탁에 물컵과 수저통을 통째로 갖다 놨더니 너무 지저분해 보입니다. 그때 브레드 박스가 눈에 띄어 식탁 한구석에 놔뒀습니다. 안에는 수저통을 넣고 위에는 물컵을 엎어 놓으니 아이 스스로 필요한 걸 꺼내어 사용하더군요. 식사 때마다 물컵과 수저를 식탁에 놓는 일이 줄어 더 좋았어요. 이날 이후 빵은 없고 수저만 있는 브레드 박스가 됐습니다.

Think

잘 사용하지 않는 물건을 다른 쓰임으로 다양하게 사용하는 것은 살림 응용력을 기르는 데 매우 중요합니다. 살림 응용력이 생기면 버리거나 방치되는 물건이 줄어들 뿐만 아니라 쉽게 사고 쉽게 버리는 물건도 줄일 수 있습니다. 한때 유행했던 브레드 박스! 여러분들은 어떤 방법으로 사용하고 계시나요?

Zero Waste Tip

❶ 수저통으로 사용해 보세요

식탁 한구석에 놓고 수저통으로 사용하면 밥 먹을 때 바로 꺼낼 수 있어 좋습니다. 시중에 판매되는 3면 분할 나무 수저통을 넣으면 맞춤한 듯 딱 맞아요. 판매 회사마다 규격이 다를 수 있으니 참고 바랍니다. 포크, 티스푼, 젓가락, 숟가락 이렇게 네 종류가 수납됩니다. 싱크대에서 설거지 후에 물기가 마르면 수저통으로 옮겨서 보관하므로 먼지로부터 보호할 수 있어 좋습니다. 브레드 박스 위에 컵걸이를 얹어 컵을 걸어 놔도 좋고, 물기 없는 컵을 바로 얹어 놓고 사용해도 됩니다.

❷ 영양제나 약 사물함으로 사용해 보세요

요즘은 식사 때마다 약이나 영양제를 챙겨 먹는 분들이 많습니다. 식탁 위에 하얀 약봉지와 영양제 통이 노출돼 있으면 지저분해 보입니다. 브레드 박스 안에 넣어 사용하면 식탁이 정돈돼 보여요. 안에는 약을 넣어 뚜껑을 닫고, 위에는 물과 컵을 놔두면 편리하게 이용할 수 있어요.

❸ 양념통 수납함으로 사용해 보세요

크기가 작은 허브 소금, 후추, 소금 등의 양념통은 충분히 수납이 가능합니다. 안에는 작은 크기의 양념통을 넣고, 위에는 간장이나 참기름 병 등을 얹어 놓고 사용하면 됩니다. 브레드 박스를 싱크대 위에 두고 곁에 단아한 화초를 놓으면 자연 친화적인 분위기를 연출할 수 있습니다.

❹ 키친 크로스와 앞치마 보관함으로 사용해 보세요

키친 크로스, 앞치마, 손 닦는 수건, 수세미 여유분을 한곳에 모아 놓으면 찾기도 쉽고 씻어서 보관할 때 제 자리를 찾기도 수월합니다. 알록달록한 패턴을 모아 놓으니 문을 열었을 때 꽃밭이 연상됩니다.

병뚜껑을 활용한 비누 받침

버리게 되는 병뚜껑만 보면 그 쓸모를 생각합니다. 몸통을 잃어 홀로 남은 병뚜껑을 버리기도 애매하고 보관하자니 어쭙잖아 늘 쓸모를 생각해요. 그러다 설거지 바를 들인 날 드디어 병뚜껑의 쓸모를 찾았어요. 하얀 비누에 하얀 병뚜껑을 올리고 손으로 지그시 누르니 어쩜 이리도 군더더기 없이 깔끔하고 예쁠까요? 그때 속으로 외쳤어요. '유레카! 더 이상 비싼 비누 받침대를 구입하지 않아도 된다. 받침대 사이사이에 끼어 있는 물때와 곰팡이를 보며 스트레스 받지 않아도 된다'라고요. 살림하다 보면 유레카를 외치는 날이 종종 있습니다. 그게 살림이 재미있어지는 비결이기도 해요. 무언가 대단한 발견이라도 한 것처럼 말이지요.

병뚜껑을 너무 깊이 누르면 비누가 바닥에 닿을 수 있어요. 그렇다고 너무 야트막하게 누르면 병뚜껑이 쉽게 빠지니 적당히 누릅니다. 그리고 튼튼하게 고정됐는지 병뚜껑만 잡고 흔들어 봅니다. 흔들었을 때 비누가 빠지지 않으면 됩니다.

병뚜껑 비누 받침은 물때와 곰팡이의 걱정이 없어 좋습니다. 비누 받침대에 고인 물로 인해 비누가 녹는 아까운 현실에 마음 아파하지 않아도 됩니다. 비누가 병뚜껑에 올라앉아 있는 덕분에 공기가 잘 통하고 쉽게 녹지 않아요. 그리고 좁은 싱크대 위 어떤 위치에 놔도 자리매김하기 딱 좋은 크기지요.

"비누가 딱딱해서 플라스틱 병뚜껑이 비누에 삽입되지 않아요. 소주병 뚜껑으로 해도 되나요?"라는 어떤 분의 질문이 생각납니다. 소주병 뚜껑은 얇은 알루미늄 소재라 아무래도 물에 담가서 오랫동안 사용하는 비누에 맞지 않아 보입니다. 비누는 따뜻한 계절에는 무릅니다. 그때는 플라스틱 병뚜껑이 쉽게 삽입되지요. 추운 계절에는 비누가 딱딱하게 굳어 삽입이 어려워요. 비누가 단단하다면 비누를 따뜻한 곳에 잠시 놔두세요. 인터넷 공유기, 밥솥, 음식물 처리기 위에서 놀고 있는 열을 이용하면 좋습니다. 아니면 따뜻한 아랫목도 좋겠네요. 딱딱했던 비누 조직이 부드러워졌을 때 플라스틱 병뚜껑을 지그시 누르면 고정이 잘된답니다.

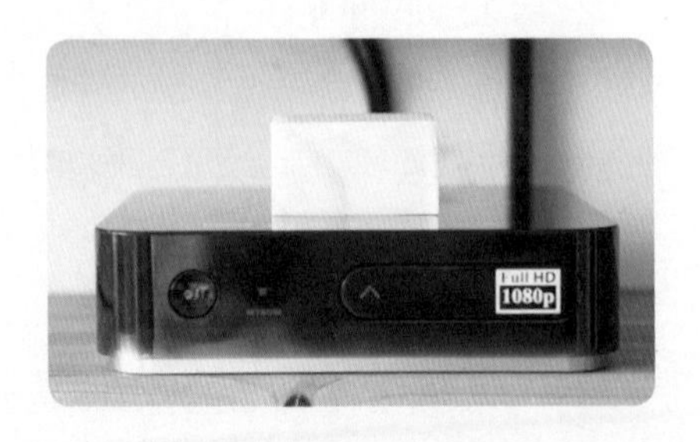

비누 받침으로 활용할 수 있는 재료들

1
조개껍데기

조개껍데기 중에 전복 껍데기가 으뜸이에요. 전복은 맛있게 먹고 껍데기는 쌀뜨물에 담가놓습니다. 쌀뜨물은 지방 성분 제거와 냄새 제거에 효과적입니다. 몇 시간 뒤 쓰임이 끝난 칫솔에 치약을 묻혀 전복 껍데기를 박박 문질러요. 그런 다음 흐르는 물에 깨끗이 씻어 내면 비린내와 이물질이 제거됩니다. 손에 밴 생선 비린내를 제거할 때 치약을 손에 바르는 것과 같습니다. 전복 껍데기에 뚫려 있는 구멍은 배수구 역할을 해서 물 고임이 적습니다.

2
쓰임이 끝난 작은 접시

금이 간 접시나 사용하지 않고 방치해 둔 작은 접시도 비누 받침으로 훌륭합니다. 물 빠짐 구멍 대신 작은 돌멩이나 아이들이 갖고 놀던 구슬을 접시에 담고 그 위에 비누를 올려둡니다. 이는 아이들 손길이 닿는 욕실보다 주방 싱크대에 놓고 사용하는 게 안전하겠습니다. 떨어지면 깨질 우려가 있고 구슬과 돌멩이를 만지고 싶어 하는 아이들의 호기심에 욕실이 난장판이 될 수 있기 때문입니다.

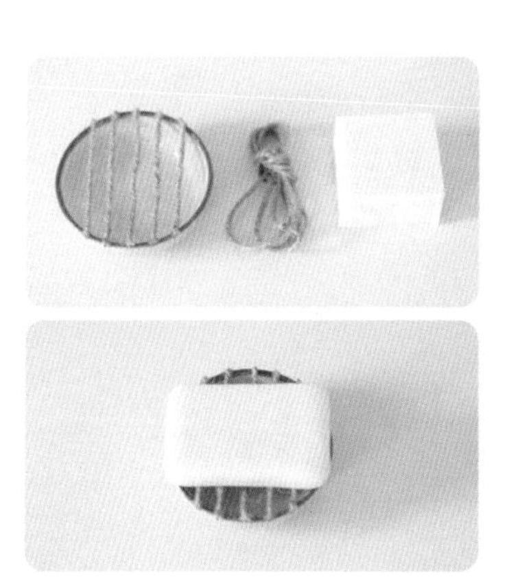

3
마 끈 활용

접시에 접착제를 발라 마 끈을 여러 개 붙입니다. 지탱하고 있는 마 끈 위에 비누를 올려놓으면 물 빠짐이 좋습니다. 접시에 물이 고이면 비우기도 좋지요. 하지만 단점이 있습니다. 접착력이 약해지면 마 끈이 잘 떨어지니 자주 다시 붙여야 하는 번거로움이 생기기 때문입니다.

버리면 쓰레기였을 병뚜껑을 잘 활용하니 뿌듯하더군요. 그 어떤 비누 받침보다 쓰임이 좋으니까요. 비누를 끝까지 사용하다 보면 종이처럼 얇아져 마지막 사용이 불편하지요? 병뚜껑에 붙은 비누 조각은 끝까지 사용하는 데 그렇게 불편하지 않아요. 병뚜껑이 손잡이 역할을 하니까요.

맛있는 살림
음식물 쓰레기를 줄이는

Part 3.
친환경 미니멀 라이프

이런 것도 먹어?
별걸 다 먹네!

_ 버리면 쓰레기, 맛있게 먹으면 보약

환경부에 따르면 우리나라에서는 하루에 약 1만 4,000여 톤의 음식물 쓰레기가 발생하고, 이로 인해 연 885만 톤의 온실가스가 배출된다고 합니다. 처리 비용은 약 8,000억 원, 국민 1인당 배출하는 음식물 쓰레기양은 대한민국 300g, 프랑스 160g, 스웨덴 86g이라 합니다. 풍족한 상차림을 미덕으로 알고 대접하는 음식 문화 때문에 음식물 쓰레기 발생량이 많은 게 아닐까 추측해 봅니다.

이런 소식을 들으면 장바구니와 냉장고 속 재료를 유심히 살핍니다. 건강한 지구의 주민으로 살기 위해서는 늘 촉각을 곤두세우며 살림 공부를 해야 합니다. 경험이야말로 최고의 공부이므로 내 가정의 상황, 구조, 환경에 맞게 다양한 방법으로 도전하면서 탁월한 방법을 찾습니다.

시들어 버린 채소를 어떻게 하면 맛있게 먹을 수 있을까? 유통기한 지난 식품은 버리기 아까운데 살림에 응용할 수 있는 방법이 없을까? 이런 궁금증이 행동을 만들고, 다양한 살림 경험으로 변해 음식물 쓰레기를 조금이나마 줄이는 데 도움이 됩니다.

여러 가지 제로웨이스트 살림 중 가장 으뜸으로 실천해야 할 과제는 음식물 쓰레기를 줄이는 살림이 아닐까 합니다. 맛있는 살림을 통해 쓰레기는 줄이고, 생활비는 절약하는 일석이조 제로웨이스트 살림 7가지를 소개할게요. 버리면 쓰레기, 맛있게 먹으면 보약이 될 수 있습니다.

Think

배달 음식 주문량이 늘어 버려지는 음식물 쓰레기가 해마다 꾸준히 증가하고 있습니다. 소비기한보다 짧은 유통기한 표기로 식품 폐기물도 많이 발생합니다. 냉장고에 방치하다가 버려지는 채소와 음식물도 무척 많고요.

이렇게 다양한 방식으로 음식물 쓰레기는 증가하고 있습니다. 우리의 살림 의식이 바뀌지 않으면 음식물 쓰레기 또한 줄어들지 않을 것입니다.

맛있는 살림 팁을 통해 쓰레기도 줄이고 처리 비용도 줄이는, 환경과 가계 경제에 도움이 되는 나만의 방법을 찾길 바랍니다. 조금만 관심을 가지면 많은 걸 지켜 낼 수 있습니다.

Zero Waste Tip

❶ 김치 꽁다리

친정 엄마는 초록 배추 겉잎으로 김장 김치를 덮어서 보내 주십니다. 그러면 몇 년 동안 김치가 마르지 않고 하얀 곰팡이도 생기지 않습니다. 초록 겉잎은 햇빛을 직접 받아 노란 속 배추보다 영양소가 많습니다. 하지만 식감이 질겨 김치찜에 잘 어울려요. 큰 겉잎 하나에 양념으로 재운 꽁치 한 토막 얹어 돌돌 만 후 냄비에 차곡차곡 넣어 육수를 붓고 푹 졸이면 속 배추보다 맛있습니다. 이렇게 배추 겉잎은 걷어 내어 김치찜을 해 먹고, 김치 한 포기를 꺼내어 자릅니다. 이때 남는 김치 꽁다리는 버리지 않습니다. 납작하게 썰어 김치랑 같이 접시에 담아냅니다. 아삭아삭 씹히는 맛이 좋아요. 때때로 썰어서 먹는 게 성가시면 모아 두고 김치찌개를 끓일 때 넣으면 국물이 시원합니다. 쫑쫑 썰어 김치볶음밥에 넣어도 맛있습니다. 가끔 어묵국 끓일 때 포기김치 대신 김치 꽁다리를 깍두기처럼 썰어서 넣어 보세요. 국물 맛도 좋지만, 어묵국의 비주얼도 예쁩니다. 버리면 묵직한 음식물 쓰레기, 맛있게 먹으면 보약이 됩니다.

❷ 부추대

텃밭에서 부추를 자를 때 하얀 부추대의 밑동까지 싹둑 잘라야 다시 올라오는 부추가 튼튼합니다. 그런데 이렇게 자른 부추로 부추겉절이를 할 때 부추대를 잘라서 버리기 쉽습니다. 먹을 때 질기기 때문이지요. 하지만 버리지 않고 모아서 장아찌를 담그면 영양가 높은 밥도둑이 됩니다. 수확량이 많지 않아 만들어 놓으면 아껴 먹을 수 있는 귀한 반찬이 됩니다. 부추장아찌보다 더 맛있어요.

[부추대 장아찌 레시피]

① 물 2, 간장 1, 식초 1, 설탕 1의 비율에 다시마 1조각, 통후추 5알, 월계수 잎 2장을 넣어 장아찌 물을 팔팔 끓입니다.

② 내열 유리 용기에 부추대를 가지런히 담고, 끓인 장아찌 물을 한소끔 식힌 후 부어 줍니다.

③ 뚜껑을 닫고 실온에서 열기를 식힌 후 냉장 보관합니다. 한 달 뒤 꺼내어 먹으면 맛있어요. 오래 묵힐수록 더 깊은 맛이 납니다. 만약 일주일 뒤 바로 먹으려면 물의 양을 1로 바꿔 주면 됩니다.

❸ 양파와 마늘 싹

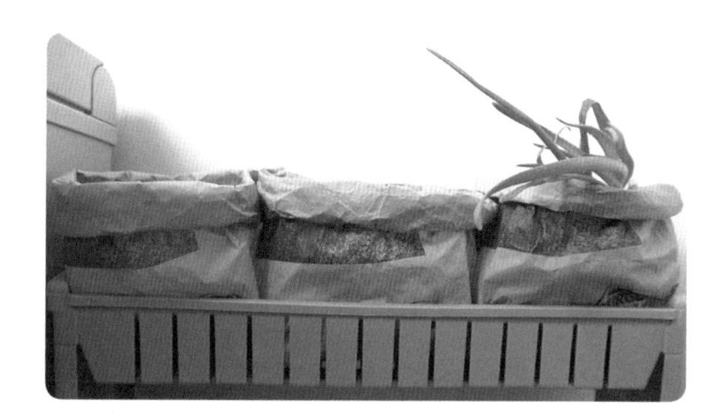

갑자기 멸치 국수가 먹고 싶은 날이 있습니다. 급하게 육수를 끓여야 하는데 쪽파와 대파가 보이지 않습니다. 이런 날 싹이 난 양파를 가져와 대파 대용으로 육수에 넣습니다. 양파 껍질은 국수 육수에 어울리지 않으니 깨끗한 부분을 따로 모아 둡니다(양파 껍질 반 줌을 2ℓ 주전자에 넣고 물을 끓여서 마시면 체지방 분해가 되고 부기를 빼 준다고 합니다. 저도 아이 낳고 체중이 줄지 않아 자주 끓여 먹었던 기억이 납니다).

맛있는 양념장에 들어갈 쪽파도 없네요. 쪽파 대신 대파를 사용해도 되지만, 대파마저 없을 때는 다용도실 문을 엽니다. 가장 길게 난 마늘 싹을 가져옵니다. 마늘은 다지고 싹은 쫑쫑 썰어 쪽파 대신 맛을 냅니다. 대파 값이 급격히 올라 '금파'였던 시절이 있었지요? 그때 저는 금파 대신 양파와 마늘 싹을 먹으며 대파를 기다렸습니다.

싹 난 마늘을 베란다 화분에 심으면 몇 달 뒤 싹이 잎으로 변합니다. 마늘잎은 싹보다 더 맛있으니 심어서 잎을 잘라 먹어도 좋습니다. 화분은 땅의 기운이 없어 마늘이 되는 건 희박하니, 그저 잎을 먹는 즐거움만 누릴 수 있습니다.

❹ 눅눅해진 김

김밥을 말고 남은 김이 눅눅해졌으면 달궈진 팬에 올려 바싹 구워 보세요. 그냥 먹어도 맛있고, 맛간장에 찍어 밥을 싸 먹어도 맛있습니다. 소금 간이 된 구운 김도 밀봉이 헐거워져 습기가 차면 눅눅해서 먹기 거북하지요. 이럴 때 김을 바싹 구우면 버리지 않고 다 먹을 수 있습니다. 맛있게 구워 먹으면 서랍장 정리도 되고, 한 끼 해결도 되고, 음식물 쓰레기도 줄일 수 있어요.

❺ 골골한 콩나물

전통시장에서 직접 기른 콩나물을 사면 양이 상당히 많습니다. 싱싱할 때 냉장 보관하면 일주일 이상 신선도가 유지됩니다. 가끔 분무기로 물을 뿌리면 더 오래 보관할 수 있지요. 빠르게 키운 콩나물이 아닌 오랜 시간 공들여 키워서 그렇다고 하네요.
이 사실을 알고 당장 먹지도 않는 콩나물을 미리 사 두는 실수를 할 때가 있습니다. 냉장고에 넣어 놓고 잊어버리고 있었더니 콩나물이 골골하네요. 잠시 머뭇거리며 '버려? 먹어?' 하고 고민하다가 일단 찬물에 씻어 봅니다. 힘 빠진 콩나물을 보니 식욕이 돋지 않지만, 찜기에 올려 쪘어요. 이럴 땐 물을 부어 삶는 것보다, 짧게 찌면 마지막 남은 식감을 살릴 수 있습니다. 갖은양념을 동원해 최대한 맛있게 무쳐서 가족들 아무도 모르게 식탁 위에 올리니 콩나물 반찬만 먹습니다. 버려? 먹어? 먹길 잘했네요. 음식물 쓰레기를 배출하지 않았으니까요.

❻ 떡

설날에 냉동실에 넣어 둔 오래된 딱딱한 떡국 떡이 있으면 버리지 않습니다. 그냥 비닐봉지에 담아 넣어 놨으면 냉장고 냄새가 배어 있을 겁니다. 넓은 볼에 떡을 담고 물을 부어 손으로 박박 비벼서 씻어 냅니다. 탁한 물이 맑아질 때까지 두 차례 헹군 후 유리 용기에 담습니다. 찬물을 부어 냉장 보관하면 딱딱했던 떡도 부드러워져요.

이틀 뒤 꺼내어 떡국을 끓여도 좋고, 떡볶이를 해서 먹어도 좋습니다. 밀봉되는 통에 보관하면 각종 냄새와 세균으로부터 떡을 보호할 수 있습니다. 만약 놀고 있는 빈 통이 없으면 은박으로 된 보냉팩*을 사용해 보세요. 떡과 빵을 냉장고나 냉동실에 보관할 때 좋은 빈 통이 없으면 이 방법을 종종 사용합니다. 빵과 떡의 구수함은 보존되고 냉장고 냄새는 침투하지 않는다는 장점이 있습니다.

포장지에 그대로 싸서 보냉팩에 넣으면 됩니다. 버리는 음식물을 최대한 줄이고 싶고, 맛있는 음식을 최대한 낭비 없이 끝까지 맛있게 먹고 싶어 고민하다가 알게 됐습니다. 보냉팩은 깨끗이 닦은 후 사용하면 됩니다.

* 보냉팩 : 택배 주문 시 얼린 식품류를 보호하기 위해 포장한 두꺼운 팩

❼ 변색된 고춧가루

고춧가루는 빛이 드는 상온에 보관하면 쉽게 탈색됩니다. 싱크대 서랍장에 넣어 놔도 꺼내 먹을 때마다 점점 색이 바래는 걸 느꼈을 겁니다. 특히 빛이 잘 들어오는 주방 구조에서는 서랍장을 여닫는 순간에도 빛에 의해 고춧가루가 산화됩니다. 고추에 붉은색을 내는 카로티노이드는 공기 중에 산소와 광선에 쉽게 산화되므로, 햇빛에 노출되면 붉은색이 사라지게 되지요.

고춧가루는 불투명 용기에 소량만 나누어 담고, 나머지는 밀봉 후 냉동실에 보관하면 오랫동안 고운 색을 유지합니다. 물론 냉동실에 넣어 둔 고춧가루를 나중에 사용할 때도 필요한 만큼 작은 용기에 옮겨 담은 후 빨리 냉동실에 넣어야 합니다.

만약 산화 직전의 고춧가루가 있으면 버리지 않아도 됩니다. 국에 넣었을 때 색이 붉지 않아 탁해 보일 수 있지만, 먹어도 큰 문제는 없습니다. 이런 경우 국이나 찌개 요리보다 무침에 더 좋습니다.

한해 고추 농사의 성공 여부가 식탁 위 음식의 색을 좌지우지했던 기억이 납니다. 이상 기온으로 고추 수확량이 줄어 가격이 폭등했을 때는 희나리 고추*를 골라 다듬어 고춧가루로 갈아서 먹기도 했습니다. 희나리가 섞인 고춧가루와 실온에서 빛을 받아 탈색된 고춧가루는 색이 거의 흡사합니다. 보기에는 안 예뻐 보여도 먹을 수는 있습니다. 단, 하얗게 변한 고춧가루는 먹지 못합니다.

* 희나리 고추 : 붉은 고추의 한 부분이 희게 변한 고추

유통기한 말고 소비기한

_ 쓸모가 있으면 쓰레기가 아니다

제조일로부터 소비자에게 유통되고 판매가 허용되는 기간을 유통기한이라 합니다. 식품의 품질 변화 시점을 기준으로, 60~70% 정도 앞선 기간으로 설정하지요. 그런데 유통기한이 지난 식품의 신선도에 아무런 문제가 없어도 기한 넘긴 식품은 폐기해야 한다는 인식 때문에 폐기물량이 많이 발생한다고 합니다. 식품 폐기량과 온실가스 배출량을 줄이기 위해 유통기한을 소비기한으로 바꾸는 법 개정을 추진한다고 하지요.

소비기한은 표시된 조건에서 보관하면 소비해도 안전에 이상이 없는 기간으로 영국, 일본, 호주 등 해외에서 사용하고 있는 표시 제도라고 합니다. 소비기한은 80~90% 앞선 수준으로 설정하므로 유통기한보다 기간이 길어 식품 폐기량과 온실가스 배출량을 줄일 수 있다고 해요.

예부터 모르고 먹으면 약이라는 말이 있습니다. 유통기한이 지난 줄도 모르고 냉장고에 든 우유나 요거트를 먹었을 때 늘 의구심이 들었습니다. 과연 유통기한 지난 식품을 먹어도 될까? 먹으면 안 될까? 웬만하면 그 기한을 넘기지 않으려 냉장고 관리를 하지만 만약 기한을 넘긴 식품이 있으면 맛을 본 뒤 결정합니다. 상했으면 버리고, 맛에 이상이 없으면 먹었습니다.

체질적으로 기한 지난 식품을 먹어도 아무런 반응이 없는 사람이 있고, 몸에 소량만 흡수돼도 장염에 걸리거나 배탈이 나는 사람이 있습니다. 자신의 체질을 가장 잘 아는 사람은 자신뿐입니다.

Think

먹거리를 먹을 만큼 소량으로 구매해 보니 네 가지가 줄었습니다.

첫째, 음식물 쓰레기가 줄었습니다. 먹을 만큼만 사면 재료를 아낄 수밖에 없습니다. 그리고 냉장고 안의 식재료를 파악하기 쉬워 상해서 버리는 채소를 최소화할 수 있었습니다.

둘째, 비닐과 플라스틱 배출이 줄었습니다. 먹거리를 소량으로 구매하기 위해 전통시장을 자주 찾게 됩니다. 자연스럽게 비닐을 거절할 수 있어 미리 포장된 마트보다 선택의 폭이 넓어지지요. 그리고 바구니에 담긴 과일을 장바구니에 넣기만 하면 되니 비닐과 플라스틱 배출이 자연스럽게 줄었어요.

셋째, 소비가 줄어드니 생활비 절감이 되더군요. 소량 구매의 가장 큰 장점이 아닐까 생각합니다. 조금씩 먹을 만큼만 사면 장기적으로 생활비가 절감됩니다. 오늘의 1,000원이 모여 내일의 1만 원이 됩니다. 소비도 줄이고 쓰레기도 줄이는 바람직한 살림이 아닐까 생각합니다.

넷째, 내 몸의 지방이 줄었습니다. 먹거리를 소량으로 사니 상다리가 부러질 만큼의 밥상을 차리지 못합니다. 그러니 소박하지만 건강한 한 끼로 음식을 적당히 섭취하며 자연스럽게 지방이 줄어듭니다. 특히 고기를 구매할 때 가장 작은 단위의 가격표를 고르거나 최소 단위로 주문합니다. 고기는 늘 부족한 듯이 먹고 채소는 풍족하게 먹습니다.

Zero Waste Tip

❶ 싹이 난 감자

싹이 난 감자는 독 성분이 있어 먹으면 안 된다고 합니다. 위험할 수 있다고 해요. 지금까지 싹을 깊숙이 도려내고 먹으며 살았는데도 이런 이야기를 들으면 몸이 아픈 것처럼 느껴집니다. 그리고 스스로 깊은 고민에 빠지지요. 버리기는 아깝고, 먹으려니 몸에 나쁠 것 같은 내면의 갈등을 겪습니다. 분명 다양한 상황이 있을 수 있는데 싹이 난 감자는 절대 먹으면 안 된다는 결론만 있습니다.

엄마의 살림을 어깨너머로 보고 배운 저는 이론보다 경험을 중요시합니다. '엄마도, 가족도 모두 괜찮았는데 이상하네!'라고 하면서 저는 오늘도 감자 싹을 깊숙이 도리고 있습니다. 이 부분에서도 좋고 나쁨을 판단할 수 있는 사람은 오직 자신뿐이라고 생각합니다. 경험보다 이론을 중요시하면 버려야 할 쓰레기가 너무 많아지니까요. 물론 초록색으로 변한 감자는 절대 먹으면 안 됩니다. 다만 봄에 싹이 나고 초록색으로 변질된 감자를 만나면 버리지 마시고 텃밭이나 큰 화분에 심어 보세요.

❷ 생리대와 치약

일부 생리대와 치약에 유해 물질이 포함됐다고 밝혀져 파동이 일었을 때 서랍장에 남아 있는 문제가 된 제품들을 몽땅 쓰레기통에 버렸다는 이야기를 많이 들었습니다. 지금까지 잘 사용해 오던 제품들이 유해 물질 기사가 나오자마자 하루아침에 버려졌습니다.

저는 파동을 일으켰던 치약으로 가스레인지 등 스테인리스를 청소하는

데 썼습니다. 생리대는 흡수력이 좋아 마룻바닥에 흘린 물을 닦을 때 좋고, 강아지를 키우는 집에서는 강아지 오줌을 닦을 때도 좋을 듯해요.
문제가 됐던 제품을 두둔하는 게 아닙니다. 쓰레기 발생을 줄이는 차원에서 각자의 현명한 대처가 필요함을 말씀드립니다. 앞으로 이런 파동이 또 생길 수 있으니까요. 그때마다 몽땅 내다 버릴 수 없으니 각자의 방식대로 안전하게 대처할 필요가 있겠습니다.

❸ 시큼한 막걸리

퇴근 시간에 동네 마트에서 장을 보면 많은 인파와 대형 스피커에서 흘러나오는 빠른 음악 소리에 이성을 잃기 쉽습니다. 평소의 꼼꼼함은 온데간데없고 넋을 놓고 덜렁거리지요. 이때는 기분에 따라 상품을 구매하기도 합니다. 이렇게 구매한 막걸리를 퇴근한 남편을 위해 반주로 꺼내 놨더니 정체를 알 수 없는 시큼한 맛이 납니다. 유통기한을 확인해보니 3일 지났네요. 생막걸리는 유통기한에 참 예민하다는 것을 알았습니다. 유통기한이 3일 지난 막걸리를 교환해야 하는데 술이 고픈 건지 버리기 아까운 건지 남편은 그냥 다 마시네요. "깊은 발효 덕분에 유산균이 더 많겠지 뭐!"라고 하면서요.
냉장고에 먹다 남은 막걸리가 상했으면 버리지 말고 물에 옅게 희석해서 식물에 뿌려 주면 됩니다. 주말농장에서 농작물을 키운다면 물에 탄 막걸리를 배추에 뿌려 보세요. 좋은 영양제가 됩니다. 오랜 텃밭 친구는 해마다 채소에 막걸리를 한 잔씩 먹입니다. 그래서 저도 배춧잎의 색이 짙고 튼튼하게 잘 자라는 것을 해마다 지켜보게 되지요.

❹ 라면 세탁

어느 날 깊숙한 서랍장을 정리하다가 봉지 라면을 발견했습니다. 유통기한이 3개월이나 지났네요. 봉지를 뜯어 냄새를 맡아 보니 변질된 기름 냄새가 조금 납니다. 먹거리를 버리면 죄짓는 느낌이 들어 늘 마음이 불편합니다. 그래서 현명하게 처리하는 방법이 없을까 궁리하다 평소보다 물의 양을 많게 해서 팔팔 끓이고 면을 넣어 삶았어요. 삶은 면을 찬물에 넣고 국수처럼 여러 번 비벼 씻은 후, 면 한 가닥을 먹어 보니 변질된 기름 냄새가 사라졌네요. 오목한 그릇에 면을 담아 열무김치를 올리고 참기름과 초고추장을 뿌려 쓱싹쓱싹 비벼 맛있게 한 끼를 해결했던 기억이 납니다. 이런 라면 세탁으로 식품 폐기량도 줄이고, 마음의 평화도 되찾았습니다. 참고로 저는 장이 튼튼한 사람입니다. 장이 약한 분들은 따라 하지 마세요. 자신을 가장 잘 아는 사람은 오직 자신뿐입니다.

❺ 냉해 입은 가지

채소나 농작물은 별도의 유통기한이 없고, 보관 방법에 따라 생명을 연장할 수 있습니다. 저는 텃밭에서 가지를 따면 습관적으로 냉장고에 넣습니다. 하지만 키친 크로스에 감싸고, 밀랍 백에 넣고, 신문지에 돌돌 말아 보관해도 쉽게 냉해를 입습니다. 텃밭에서 햇빛 받고 자라도 소용이 없어요.

그래서 옛 어머니들은 가지를 먹기 좋게 잘라 소쿠리에 넓게 펼쳐 말리거나 열십자로 네 등분해서 잘라 빨랫줄에 걸어 놓고 말리기도 했습니다. 여름 소나기가 갑자기 내리면 지붕과 빨랫줄에서 건조되고 있는 채소를 걷으러 어머니가 바삐 움직였던 기억이 납니다.

습한 여름 대도시 아파트에서는 많은 양의 채소를 말리려면 건조기가 필요합니다. 건조기로 말리니 상해서 버리는 채소를 최소화할 수 있었습니다. 건조기가 없으면 가지를 자르지 않고 통으로 걸어 놨다가 때때로 조리해서 먹어도 좋습니다. 열십자로 네 등분해서 실온에서 말리는 건 고온 다습한 여름에는 초파리의 기승으로 비위생적이며 곰팡이가 생길 수 있습니다. 건조기가 없으면 가지를 통째로 걸어 놓거나 채반에 얹어 두고 필요할 때마다 잘라서 먹는 방법도 있습니다. 가장 작은 가지를 먼저 먹고 토실하고 큰 가지는 나중에 먹습니다. 큰 가지는 수분이 많아서 2주 이상 실온에 걸어 놓고 먹어도 괜찮으니까요.
이렇게 건조기를 이용하거나 통으로 실온에 걸어 놓고 먹으면 냉해를 입어 먹지 못해 버리는 음식물 쓰레기를 줄일 수 있습니다.

말려라, 볶아라, 우려라

_ 바람 든 무 버리지 마세요

인삼보다 좋다는 가을무는 영양소가 풍부합니다. 가을 김장철에 수확한 무는 단맛이 강하고, 맵고 알싸한 맛은 약합니다. 농부들은 넓은 밭에서 무를 수확하다 말고 즉석에서 무를 깎아서 시식하기도 합니다. 한 입 베어 물면 아삭 소리와 함께 풍부한 수분이 사방으로 튀지요. 도구가 없을 때도 손으로 딱 한 겹만 벗겨 내면 알맹이와 껍질이 단절된 부분이 쉽게 분리돼 먹기도 수월합니다. 일하다 말고 먹는 가을무는 수분이 많아 갈증 해소도 되고 영양소가 풍부해 새참도 됩니다. 농부들은 무를 한 입 베어 먹는 순간 올해 김장무 맛을 알아채지요.

"아따, 올해는 무김치 맛있겠다."

그 한마디로 합격 판정을 받은 무는 농부의 손에 뽑혀 대도시에 사는 자식들의 집 식탁 위에 건강한 먹거리로 올라옵니다.

이렇게 가을이 되면 부모님들은 깍두기도 담아 먹고, 무생채도 해 먹고, 생선 조림에도 넣어 먹으라고 무를 한 포대 올려 보냅니다. 이웃과 나눠 먹으라며 포대 입이 다물어지지 않을 만큼 보냅니다. 그렇게 포대 자루를 베란다에 무심히 세워 놓고 하나씩 꺼내 먹다 보면 그해 가장 추운 날에 마지막 남은 무에 바람이 듭니다.

바람 든 무는 맛이 없어 버림받기 쉬워요. 시골에서 처리하면 퇴비가 되지만 도시에서는 쓰레기가 됩니다. 그래서 저는 바람 든 무를 버리지 않고 맛있게 활용합니다. 맛있는 살림으로 음식물 쓰레기 배출을 줄이고 있답니다.

Think

분수에 넘치는 상차림보다 소박한 밥상에 만족하는 습관을 들이니 다 먹지 못해서 버리는 먹거리를 최소화할 수 있었습니다.

물론 바람 든 무를 먹는 것보다 바람 들지 않게 잘 보관하는 살뜰한 관심이 더 중요하지요. 하지만 바람 든 무는 버려야 한다는 당연한 인식에서 조금만 생각을 달리하면 맛있는 먹거리가 됩니다.

시골에서는 무를 뽑은 그 자리에 땅을 파서 저장합니다. 그렇게 땅속에 든 무를 꺼내어 서울로 보낼 때 하나하나 정성껏 신문지로 돌돌 말아서 보냅니다. 신문지는 추위와 빛을 막고, 온도 차이 때문에 얼거나 싹이 올라오는 것을 예방한다고 해요. 배추도 신문지에 싸서 보냅니다. 그러면서 꼭 당부하세요. "신문지 벗기지 말고, 배추는 밑동이 바닥에 닿게 세워 보관하면 설날까지 먹을 수 있다"라고요. 엄마 말씀대로 해보니 1월 설날까지 배추를 보관할 수 있었습니다. 물론 겉잎은 시들었지만, 노란 배추속대는 깨끗합니다. 무와 배추는 부피가 커서 냉장 보관이 어려우니 겨우내 신문지로 포장해서 종이 상자에 담아 다용도실에 두면 무생채도 배추전도 해 먹을 수 있습니다.

이렇게 지극정성으로 보관해도 무에 바람이 들기도 합니다. 인력으로 안 되는 게 자연 현상이니까요. 이럴 때 바람 든 무를 버리지 말고, 말리고 볶고 우려서 맛있는 살림으로 버리는 먹거리를 줄여 봐요.

Zero Waste Tip

❶ 말려라

바람 든 무는 껍질째 천연 수세미로 깨끗이 씻어 냅니다. 과채 세척 전용 수세미를 하나 마련해 놓으면 껍질 있는 과일과 채소를 씻을 때 좋습니다. 굴곡이나 홈이 있는 과채에 붙은 흙이나 이물질 제거에 효과적입니다. 그러면 껍질째 안심하고 먹을 수 있지요.
깨끗이 씻은 무의 둥근 단면을 껍질째 4분의 1 크기로 얇게 자릅니다. 바람 든 무는 수분이 많지 않아 건조한 계절 실온에서 잘 마릅니다. 소쿠리에 넓게 펼쳐 반그늘에서 말려요. 바깥 날씨가 흐리거나 비가 오면 식품 건조기에 말려도 좋습니다. 무에 바람이 든 걸 알아채는 시기는 대부분 1~2월쯤이라 실온에서 충분히 건조 가능합니다. 혹시 고온 다습한 여름에 먹다 남은 무가 맛이 없거나 상태가 싱싱하지 않아 버리고 싶을 때 식품 건조기를 꺼내어 무를 말리면 맛있게 먹을 수 있어요.
봄에 실온에서 말린 무는 빨리 먹어야 좋습니다. 너무 오래 놔 두면 다가오는 여름에 곰팡이가 생길 수 있어요. 만약 천천히 두고 먹고 싶으면 밀봉 후 냉장 보관합니다. 식품 건조기를 이용해 말린 무도 실온에 오래 두면 눅눅해집니다. 여름에는 냉장 보관하거나 방습제를 넣어 습기를 차단합니다. 이때 사용되는 방습제는 식품을 사면 들어 있는 실리카겔을 말합니다. 겉면을 깨끗이 닦고 햇볕을 쬐어주면 재사용이 가능합니다. 앞뒤 뒤집어가며 햇볕에 충분히 말리면 돼요. 그리고 밀봉되는 통에 담아서 보관 후, 다른 식품 보관할 때 꺼내어 재사용합니다.

❷ 볶아라

곱게 말린 바람 든 무를 팬에 넣고 볶아 줍니다. 팬에 말린 무를 먹을 만큼 넣고 약한 불에서 뒤적이며 볶습니다. 하얀 무가 연갈색이 되면 불을 끄고 식혀서 통에 담고 밀봉합니다. 비 오는 날, 바람이 스산하게 불어 몸이 으슬으슬 추울 때 따뜻한 차로 마시면 감기 예방에도 좋습니다. 포만감도 있습니다.

200㎖ 머그잔에 볶은 무 2조각을 넣고 뜨거운 물을 부어 뚜껑을 닫고 잠시 기다립니다. 1분 뒤 뚜껑을 열었을 때 볶은 무의 구수한 냄새가 올라오면 맛있게 마시면 됩니다. 차로 마셔도 좋지만, 2ℓ 큰 주전자로 물을 끓일 때 8~10조각 넣으면 구수하고 맛있는 무 물이 됩니다. 차게 해서 먹어도 맛있어요. 단, 여름에는 쉽게 상할 수 있으니 조금씩 끓여서 드세요. 무 물은 추운 계절에 가장 맛있습니다. 볶은 우엉과 무를 같이 넣고 끓여 먹는 것도 궁합이 나쁘지 않습니다. 한 가지 물만 먹으면 재미가 없으니 옥수수+보리차, 우엉+무, 둥굴레+무, 보리차+무 등 여러 조합으로 다양한 물맛을 추가해 봅시다.

❸ 우려라

1~2월경 바람 든 무를 발견하면 버리지 말고 잘 말려 보관하세요. 다가오는 여름, 긴 장마로 채소 가격이 폭등하면 말린 무가 요긴하게 쓰입니다. 그게 그렇게 반가울 수 없습니다. 먹다 남으면 다가오는 가을과 겨울에 차로 끓여 마시면 됩니다.
무가 저렴할 때는 듬성듬성 잘라서 육수 끓일 때 넉넉히 넣지만, 무가 비쌀 때는 말려 놓은 바람 든 무를 넣어도 음식 맛에 손색이 없습니다. 그리고 가끔 된장찌개나 국을 끓일 때 무를 찾으면 없는 날이 종종 있어요. 사러 나가기 귀찮을 때 말린 무를 몇 조각 넣으면 구세주 같아요. 무조림으로 해 먹을 수는 없지만, 된장찌개나 국에 넣으면 멸치 비린내를 잡아 주고 무 맛이 우러납니다. 국이나 된장찌개에 무와 멸치를 넣고 진하게 우린 후, 멸치는 꺼내고 무는 그대로 둡니다. 말캉한 식감은 없지만, 그런대로 맛있게 먹을 수 있습니다.

평범하고 특별한
살림의 기록

Hashtag

'살림스케치'를 말하다

살림스케치의 일상 속에는 어떤 가치들이 자리 잡고 있을까요?
평범하지만 함께 나누고픈 생각들을 이야기해 봅니다.

#제로웨이스트
#친환경_먹거리
#낭비_없는_보관팁
#쓰레기_재활용법
#미니멀_라이프
#친환경_살림
#살림_팁
#공유와_나눔
#친환경_미니멀_라이프
#천연_수세미
#일회용품_재사용법
#알뜰한_살림
#에코_살림
#자급자족_라이프
#사람과_자연_공생
#ZERO_플라스틱
#살림_응용
#살림_자아_만들기
#재활용_보관팁

**#제로웨이스트
#일회용품_재사용법**

어렵지 않고 누구나 쉽게 실천할 수 있게 제로웨이스트 살림에 접근하고 있습니다. 버리는 물건을 재사용해 세상에 둘도 없는 활용도 높은 세간 살림을 만들 수 있어요. 이를 통해 일회용품 사용과 소비도 줄일 수 있어 오히려 살림에 재미를 느낄 수 있답니다. 다년간의 테스트와 나름의 실험을 통해 검증된 재사용법을 보여드리고 있습니다.

**#공유와_나눔
#천연_수세미**

합성 플라스틱 수세미의 사용을 줄이고 친환경 수세미 사용을 권장하기 위해 삼베 실로 삼베 수세미를 뜨개질해서 나눔했습니다. 텃밭에 천연 수세미를 심고 수확해 천연 수세미의 매력에 빠져 보라고 나누어 드렸답니다. 백 마디 말보다 한 번의 경험이 귀하니까요. 수세미 씨앗 나눔 이벤트로 60명에게 씨앗도 보내드렸습니다. 수확하면 이분들도 나눔을 하겠다고 합니다. 천연 수세미 챌린지가 될 거라 기대합니다.

**#살림_팁
#친환경_미니멀_라이프**

쓸모 있는 물건을 몽땅 버리는 미니멀 라이프가 아닌, 새 쓸모를 찾아 다르게 활용함으로써 쓰레기와 소비를 줄이는 친환경 미니멀 라이프를 다루고 있습니다. 가족 구성원이 있는 생활 속에서 물건을 비우는 미니멀 라이프보다 있는 물건의 활용으로 소비를 줄이는 친환경 미니멀 라이프가 효과적이기 때문입니다. 버릴 뻔한 많은 물건이 새 자리를 찾아서 유용하게 활용되고 있는 살림 팁을 어렵지 않게 접할 수 있습니다.

salimsketch in Number

숫자로 보는 살림스케치의 역사

채널 개설 날짜

2019년 4월 16일

팔로워 남녀 비율

73.5% 여성 **26.5%** 남성

구독자 연령대 분포

13-17세 **0.7%**
18-25세 **7.0%**
25-34세 **16.8%**
35-44세 **21.6%**
45-54세 **28.1%**
55-61세 **17.9%**
65세 이상 **8.0%**

월간 평균 업로드 영상 개수

3개

구독자 최다 활동 시간대

PM 6:00-9:00

영상 최다 조회 수
"배달 용기와 식용유 병 기름때 제거 친환경적인 방법"

3,513,258회

총 업로드 영상 개수

총 91개

* 2022년 2월 21일 기준

Essay

내 살림을 유튜브에 올린 이유

일주일에 한 번 있는 분리수거 날, 플라스틱 수거함이 거대한 산처럼 보입니다. 경비실 지붕만큼 높고 경비실 초소만큼 넓은 수거함 자루가 무려 네 개나 서 있습니다. 명절이 끼어 있어 2주 만에 배출하는 쓰레기라 평소보다 많았고, 명절 음식 준비로 쓰레기가 더 많이 발생한 듯 보입니다. '이 많은 쓰레기가 어디로 갈까? 갈 곳은 있는 걸까?' 하고 가슴이 먹먹해집니다. 전국에서 배출되고 있을 어마어마한 양을 상상하니 정말 "이러다 다 죽어"라는 드라마 <오징어 게임>의 명대사가 떠오릅니다.

텔레비전 채널을 돌리다 환경이나 자연에 관한 다큐멘터리가 나오면 유난히 즐겨 봅니다. 도시에서 발생한 쓰레기가 청정 지역 시골에 산처럼 쌓여 방치된 모습을 보면 '내가 버린 쓰레기도 저기 있겠구나!' 하는 생각에 그 지역 주민들에게 송구한 마음이 듭니다. 우리나라에서 발생한 쓰레기가 다른 나라의 대자연에 나뒹굴며 민폐 끼치는 장면을 보면 내가 버린 쓰레기도 저기에 뒤섞여 있으리란 생각에 정말 부끄러웠습니다. 그래서 살림하며 최대한 쓰레기 발생을 줄이기 위해 부단히 노력하는 편입니다.

물건을 살 때는 게을러도 좋다, 시간을 버는 거니까

우리 집 주방에는 그 흔한 전자레인지와 전기 포트가 없어요. 게으른 소비 습관 때문에 결혼한 지 18년이 넘었는데 아직도 못 샀어요. 핑계일 수 있지만 처음에는 놓을 공간이 없어 못 샀고, 두 번째는 어떤 것을 사야 할지 고민하다 못 샀는데, 아이가 크고 나니 지금은 필요성을 못 느껴 안 샀습니다. 없어도 다 살게 되더군요. 없어서 느끼는 불편함보다 가전제품을 좁은 싱크대에 올려놓아 좁아진 공간 활용에서 오는 스트레스가 더 클 것 같았어요.

저는 이렇게 일상에 꼭 필요한 물건만으로도 만족한 삶을 살아가는 방식의 미니멀 라이프에 관심이 많았습니다. 게으른 소비를 하고, 있는 물건에서 최대한 새 쓰임을 찾으며 집을 심플하게 유지하고 싶었습니다. 18년 된 가전, 가구가 아무리 빛이 바래고 유행에 뒤처져도 교체하지 않고 수명이 다하는 날까지 사용하는 이유는 쓰레기를 줄이고 싶었기 때문입니다. 넘쳐나는 폐가전도 사회적, 환경적 측면에서 문제가 많으니까요.

저는 미니멀 라이프의 삶도 좋고, 제로웨이스트 실천에도 관심이 많았습니다. 소박하고 심플한 집 꾸미기에 흥미가 가던 찰나 미니멀 라이프 콘텐츠가 눈에 띄더군요. 그러다 집 안에 쌓여 있는 많은 물건을 몽땅 버리는 영상을 보게 됐어요. 지금 쓰레기 대란으로 지구가 몸살을 앓고 있는데 미니멀 라이프를 실천하기 위해 많은 물건을 버리면 쓰레기가 더 많이 쌓이겠구나, 버림이 우선이 되면 안 될 텐데 하는 생각이 들었어요. 그래서 멀쩡한 물건을 버리는 게 아닌, 있는 물건의 활용으로 쓰레기와 소비를 줄이는 친환경 미니멀 라이프를 보여 주면 좋겠다고 생각했어요.

쓰레기와 소비를 줄이는 살림으로 제 영상에 처음 등장한 것은 쿠키 틀을 수세미걸이로, 방치된 와인 랙을 행주걸이로 활용하는 방법이었어요. 영상을 본 뒤 버리지 않고 여러 물건을 응용해 보겠다는 분들이 많아 뿌듯하고 흐뭇했지요. 처음엔 버리지 않는 친환경 미니멀 라이프로 시작하다 점점 쓰레기를 줄이는 제로웨이스트 살림으로 확장해 나갔습니다. 물건을 버리지 않고 응용하면 새 물건을 들이는 횟수가 줄어 집 안에서 물건 순환이 이루어집니다. 그러면 자연스럽게 쓰레기와 소비가 줄어드는 걸 느낄 수 있어요.

이렇게 제가 실천한 경험과 살림 노하우를 토대로 꾸준히 영상을 만들어 많은 사람과 공유하게 됐습니다. 다큐멘터리 영상을 통해 제 살림에 변화가 생겼듯 제 영상을 통해 누군가의 살림에 작은 도움이 됐으면 하는 바람이 컸어요.

제로웨이스트 실천에 필수품이 돼버린 천연 수세미 같은 경우 구입처가 많지 않고, 질 좋은 국산 천연 수세미는 가격이 비싸서 부담을 느끼는 분들이 많았어요. 그래서 텃밭에 직접 키울 수 있음을 보여 주었습니다. 식물 수세미 한 그루에서 30개 넘는 수세미 열매가 열린답니다. 그 수세미의 껍질을 벗겨 내고 씻어 삶는 과정의 콘텐츠를 올렸어요. 최고의 제로웨이스트는 자급자족이라는 것을 보여 주고 싶었습니다. 벗겨낸 껍질을 흙으로 돌려보내 쓰레기가 제로가 되는 과정을 영상에 담았어요. 그리고 천연 수세미를 한 번도 경험하지 못한 분들께 수확한 수세미를 나눠 주었습니다. 키워서 더 많은 이웃과 나눔 할 수 있게 60명에게 수세미 씨앗도 우편으로 보내 주었어요. 천연 수세미 챌린지를 기대하면서요. 3년 동안 영상을 제작하면서 가장 뿌듯하고 기억에 남는 경험이었습니다. 제로웨이스트 실천이 결코 어렵지 않다는 것을 몸소 보여 줄 수 있어 보람을 느꼈습니다.

그동안 축적해 온 저의 살림 경험을 보고 많은 분이 좋아해 줘서 자신감을 갖고 여기까지 오게 됐습니다. 저도 사람인지라 혹여 궁상스럽게 보이지 않을까 소심하게 접근한 부분도 있지만, 우리 아이들이 건강하게 살아갈 미래를 생각하면 부모 입장에서 부끄럽지 않았습니다. 그리고 아름다운 자연에 쓰레기가 쌓이지 않았으면 하는 바람이 커서 지속적으로 쓰레기와 소비를 줄이는 살림을 이어가려 합니다.

이 책을 통해 많은 이들의 마음속에 따뜻한 울림이 생겼으면 좋겠습니다. 이 작은 울림이 모이면 큰 파동이 되니까요. 혹여 실천하다 힘들면 쉬어가고 의욕이 생기면 또 실천하고, 그러다 보면 언젠가 불편함이 자연스럽게 편함으로 바뀌어 있으리라 생각합니다.

Recommendation

추천 사이트 & 공간

1

환경부

www.me.go.kr

이산화탄소를 줄이기 위해 내가 할 수 있는 일은 무엇이 있을까 궁금한 분들을 위한 안내서가 환경부 홈페이지에 있습니다. 탄소 중립 문화 정착을 위해 발간한 생활 실천 안내서가 가정편, 기업편, 학교편으로 구성돼 있습니다. PDF 파일을 다 받아 마인드 리셋 개념서처럼 가까이 두고 활용해 봅시다. 가정에서 어렵지 않게 실천할 만한 방법들이 담겨 있어요.

2

수도권매립지관리공사

www.slc.or.kr

내가 버린 쓰레기의 발자국을 따라가 봅시다. 홈페이지에 접속하면 쓰레기 처리 과정 및 수도권매립지공사의 위치 그리고 주요 업무를 VR로 시청할 수 있습니다. 직접 찾아가지 않아도 수도권매립지 VR 견학 플랫폼에서 환경 시설, 쓰레기 처리 과정, 매립지의 공원화, 체육시설, SLC 환경 교실을 관람할 수 있어요.

3

서울환경연합

www.seoulkfem.or.kr

정부가 아닌 후원 회원의 지원으로 운영되는 곳으로 시민참여 활동을 기반으로 캠페인을 펼치고 있습니다. 쉽고 재미있는 어린이 과학 서적 시리즈가 『Why?』라면, 서울환경연합의 유튜브 채널은 환경 분야의 『Why?』 시리즈라고 할 수 있습니다. 쓰레기 박사님의 이야기를 듣고 있으면 원리가 이해돼 쓰레기 분리배출이 어렵지 않아요. 지구를 살리는 사람들의 잡지 <함께 사는 길>도 발행하고 있습니다.

4

그린워커스

(Green Workers)

서울환경연합의 자원 순환 프로젝트 '플라스틱방앗간'이 소셜벤처기업 '노플라스틱선데이'와 힘을 합쳐 마련한 자원 순환 복합 문화 공간입니다. 성수동에 위치해 자원 순환 교육장, 재활용·재사용 물건 제작과 체험 워크숍 공간, 재활용 소재 라이브러리로 운영됩니다. 예약은 ppseoul.com/mill에서 할 수 있습니다.

KI신서 10202

제로웨이스트 살림법

1판 1쇄 인쇄 2022년 4월 7일
1판 1쇄 발행 2022년 5월 2일

지은이 살림스케치(김향숙)
펴낸이 김영곤
펴낸곳 (주)북이십일 21세기북스

출판사업부문 이사 정지은
인문기획팀장 양으녕 책임편집 이지연
디자인 엘리펀트스위밍
출판마케팅영업본부장 민안기
출판영업팀 이광호 최명열
마케팅1팀 배상현 김신우 한경화 이보라
e-커머스팀 장철용 김다운
제작팀 이영민 권경민

출판등록 2000년 5월 6일 제406-2003-061호
주소 (10881) 경기도 파주시 회동길 201(문발동)
대표전화 031-955-2100 팩스 031-955-2151 이메일 book21@book21.co.kr

ISBN 978-89-509-9955-1 13590